观赏植物百科

主　编　赖尔聪／西南林业大学
副主编　孙卫邦／中国科学院昆明植物研究所昆明植物园
石卓功／西南林业大学林学院

中国建筑工业出版社

图书在版编目（CIP）数据

观赏植物百科5／赖尔聪主编. —北京：中国建筑工业出版社，2013.10

ISBN 978-7-112-15808-9

Ⅰ. ①观… Ⅱ. ①赖… Ⅲ. ①观赏植物—普及读物 Ⅳ. ①S68-49

中国版本图书馆CIP数据核字（2013）第209597号

多彩的观赏植物构成了人类多彩的生存环境。本丛书涵盖了3237种观赏植物（包括品种341个），按“世界著名的观赏植物”、“中国著名的观赏植物”、“常见观赏植物”、“具有特殊功能的观赏植物”和“奇异观赏植物”等5大类43亚类146个项目进行系统整理与编辑成册。全书具有信息量大、突出景观应用效果、注重形态识别特征、编排有新意、实用优先等特点，并集知识性、趣味性、观赏性、科学性及实用性于一体，图文并茂，可读性强。本书是《观赏植物百科》的第5册，主要介绍常见观赏植物。

本书可供广大风景园林工作者、观赏植物爱好者、高等院校园林园艺专业师生学习参考。

责任编辑：吴宇江

书籍设计：北京美光设计制版有限公司

责任校对：肖　剑　刘　钰

观赏植物百科5

主　编　赖尔聪／西南林业大学

副主编　孙卫邦／中国科学院昆明植物研究所昆明植物园

　　　　石卓功／西南林业大学林学院

*

中国建筑工业出版社出版、发行（北京西郊百万庄）

各地新华书店、建筑书店经销

北京美光设计制版有限公司制版

北京方嘉彩色印刷有限责任公司印刷

*

开本：787×1092毫米　1/16　印张：17 ¼　字数：337千字

2016年1月第一版　2016年1月第一次印刷

定价：120.00元

ISBN 978－7－112－15808－9

(24554)

《观赏植物百科》编委会

顾　问：郭荫卿

主　编：赖尔聪

副主编：孙卫邦　石卓功

编　委：赖尔聪　孙卫邦　石卓功　刘　敏（执行编委）

编写人员：赖尔聪　孙卫邦　石卓功　刘　敏　秦秀英　罗桂芬　牟丽娟　王世华　陈东博　冯　石　吴永祥　谭秀梅　万珠珠　李海荣

参编人员：魏圆圆　罗　可　陶佳男　李　攀　李家祺　刘　嘉　黄　煌　张玲玲　杨　刚　康玉琴　陈丽林　严培瑞　高娟娟　王　超　冷　宇　丁小平　王　丹　黄泽飞

序

国人先辈对有观赏价值植物的认识早有记载，“桃之夭夭，灼灼其华”（《诗经•周南•桃夭》），描述桃花华丽妖艳，淋漓尽致。历代文人，咏花叙梅的名句不胜枚举。近现代，观赏植物成为重要的文化元素，是城乡建设美化环境的主要依托。

众所周知，城市景观、河坝堤岸、街道建设、人居环境等均需要园林绿化，自然离不开各种各样的观赏植物。大到生态环境、小到居家布景，观赏植物融入生产、生活的方方面面。已有一些图著记述观赏植物，大多是区域性或专类性的，而涵盖全球、涉及古今的观赏植物专著却不多见。

《观赏植物百科》的作者，在长期的教学和科研中，以亲身实践为基础，广集全球，遍及中国古今，勤于收集，精心遴选3237种（包括品种341个），按“世界著名的观赏植物”、“中国著名的观赏植物”、“常见观赏植物”、“具有特殊功能的观赏植物”和“奇异观赏植物”5大类43亚类146个项目进行系统整理并编辑成册。具有信息量大，突出景观应用效果，注重形态识别特征，编排有新意，实用优先等特点，集知识性、趣味性、观赏性、科学性及实用性于一体，号称“百科”，不为过分。

《观赏植物百科》图文相兼，可读易懂，能广为民众喜爱。

中国科学院院士 吴征镒

2012年10月19日于昆明

前言

展现在人们眼前的各种景色叫景观，景观是自然及人类在土地上的烙印，是人与自然、人与人的关系以及人类理想与追求在大地上的投影。就其形成而言，有自然演变形成的，有人工建造的，更多的景观则是天人合一而成的。就其规模而言，有宏大的，亦有微小的。就其场地而言，有室外的，亦有室内的。就其时间而言，有漫长的演变而至，亦有瞬间造就而成，但无论是哪一类景观，其组成都离不开植物。

植物是构成各类景观的重要元素之一，它始终发挥着巨大的生态和美化装饰作用，它赋景观以生命，这些植物统称观赏植物。

观赏植物种类繁多，姿态万千，有木本的，有草本的；有高大的，有矮小的；有常绿的，有落叶的；有直立的，有匍匐的；有一年生的，有多年生的；有陆生的，有水生的；有"自力更生"的，亦有寄生、附生的；还有许多千奇百怪、情趣无穷的。确实丰富多彩，令人眼花缭乱。

多彩的观赏植物构成了人类多彩的生存环境。随着社会物质文化生活水平的提高，人们对自身生存环境质量的要求也不断提高，植物的应用范围、应用种类亦不断扩大。特别是随着世界信息、物流速度的加快，无数植物的"新面孔"不断地涌入我们的眼帘，进入我们的生活。这是什么植物？有什么作用？一个又一个问题困惑着人们，常规的教材已跟不上飞快发展的现实，知识需要不断地补充和更新。

为实现恩师郭荫卿教授"要努力帮助更多的人提高植物识别、应用和鉴赏能力"的遗愿，我坚持了近10年时间，不仅走遍了中国各省区的名山大川，包括香港、台湾，还到过东南亚、韩国、日本及欧洲13个国家。将自己有幸见过并认识了的3000多种植物整理成册，献给钟爱植物的朋友，并与大家一同分享识别植物的乐趣。

3000多种虽只是多彩植物长河中的点点浪花，但我相信会让朋友们眼界开阔，知识添新，希望你们能喜欢。

为使读者快捷地各取所需，本书以观赏植物的主要功能为脉络，用人为分类的方法将3237种（含341个品种）植物分为5大类、43亚类、146项目编排，在同一小类及项目中，原则上按植物拉丁名的字母顺序排列。拉丁学名的异名中，属名或种加词有重复使用时，一律用缩写字表示。

本书附有7个附录资料、3种索引，供不同要求的读者查寻。

编写的过程亦是学习的过程，错误和不妥在所难免，愿同行不吝赐教。

赖尔聪

2012年5月1日

目录

仙客来品种群

Cyclamen persicum Group

报春花科　仙客来属

球根花卉

原产地中海东南部和非洲北部

喜光，亦耐半阴；喜冷凉，生育适温15～22℃，越冬10℃以上；喜微酸性砂壤

2224 **番紫花**（春番红花） 鸢尾科 番红花属

Crocus vernus (*C. officinalis* var. *v.*) 球根花卉

原产欧洲

喜光；喜温暖凉爽

2225 **网球花**（火球花、网球石蒜） 石蒜科 网球花属

Haemanthus multiflorus (*Scadoxus m.*) 球根花卉

原产南非

喜光，亦耐半阴；喜高温，生育适温25～30℃，越冬10℃以上；耐旱

2226 **风信子**（洋水仙、五色水仙、西洋水仙） 百合科 风信子属

Hyacinthus orientalis 球根花卉

原产南欧和小亚细亚，荷兰最多；世界广泛栽培

喜光，亦耐半阴；喜冷凉，生育适温15～20℃

2227 **蛇鞭菊**（猫尾花、舌根草） 菊科 蛇鞭菊属

Liatris spicata（*L. eallilepis*） 球根花卉

原产北美洲墨西哥湾及附近大西洋沿岸一带

喜光，稍耐阴；喜温暖湿润，生育适温10～30℃；耐旱

2228 葡萄风信子（射香兰、串铃花、蓝壶花、葡萄百合、蓝瓶花）

Muscari botryoides

百合科 | 蓝壶花属 | 球根花卉

原产中南欧至高加索

喜光，亦耐半阴；喜温暖；生育适温15～25℃

2229 白花水仙

Narcissus 'Trousseau'

石蒜科 | 水仙属 | 球根花卉

原种产北非

喜光；喜温暖湿润；不耐旱

2230 **花毛茛**（波斯毛茛、陆莲花、芹菜花） 毛茛科 毛茛属

Ranunculus asiaticus 球根花卉

原产欧洲和亚洲

喜半阴；喜冷凉湿润，0℃时会受冻害，生育适温10～13℃

2231

杂种大岩桐

Sinningia hybrida

苦苣苔科　大岩桐属

球根花卉

亲本原产巴西

喜半阴；喜温暖湿润，生育适温20～24℃，越冬8℃以上；喜肥

2232

重瓣大岩桐

Sinningia speciosa 'Flore-Pleno'

苦苣苔科　大岩桐属

球根花卉

原产巴西

喜半阴；喜高温多湿，生育适温20～30℃，越冬8℃左右

2233 紫花马蹄莲

Zantedeschia aethiopica 'Purpurea' (*Z.* 'P.')

天南星科 马蹄莲属 球根花卉

原产南非

喜冬季阳光充足；喜冷凉至温暖，生育适温10～25℃，越冬11℃以上；喜湿地，耐水，亦耐旱

2234 红花马蹄莲（红玉马蹄莲）

Zantedeschia aethiopica 'Red jade' (*Z. rehmannii*)

天南星科 马蹄莲属 球根花卉

原产南非

喜冬季阳光充足；喜冷凉至温暖，生育适温10～25℃，越冬10℃以上；喜湿地，耐水，亦耐旱

2235	**黄花马蹄莲**	天南星科	马蹄莲属
	Zantedeschia elliottiana	球根花卉	

原产南非

喜冬季阳光充足；喜冷凉至温暖，生育适温10～25℃，越冬10℃以上；喜湿地，耐水，亦耐旱

2236	**彩色马蹄莲**（杂交马蹄莲）	天南星科	马蹄莲属
	Zantedeschia heblyda	球根花卉	

亲本产南非

喜冬季阳光充足；喜冷凉至温暖，生育适温10～25℃，越冬11℃以上；喜湿地，耐水，亦耐旱

2237～2240

杂交马蹄莲品种群

Zantedeschia heblyda Group

天南星科 马蹄莲属

球根花卉

亲本产南非

喜光，耐阴；喜冷凉至温暖；耐水湿

天使Z.'Angel'

香包Z. 'Xian Bao' (Z. 'Xiangbao')

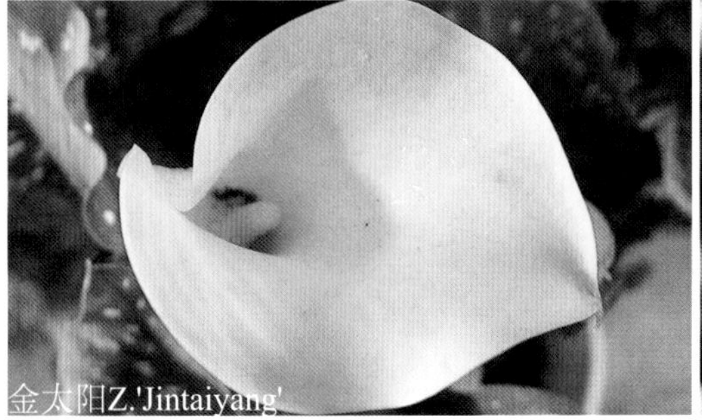

金太阳Z.'Jintaiyang'

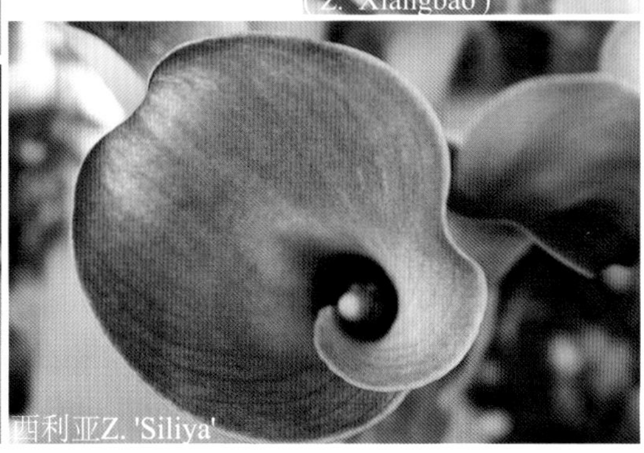

西利亚Z. 'Siliya'

2241

黑心马蹄莲

Zantedeschia melanoleuca (*Z. tropicalis*)

天南星科 马蹄莲属

球根花卉

原产南非

喜冬季阳光充足；喜冷凉至温暖，生育适温10～25℃，越冬10℃以上；喜湿地，耐水，亦耐旱

2242 百子莲

（百子兰、蓝花君子兰、非洲百合、紫穗兰）

Agapanthus africanus (*A. umbellatus*)

石蒜科　百子莲属　球根花卉

原产南非

喜光，亦耐半阴；喜温暖湿润，生育适温20～28℃，越冬10℃

2243 白花百子莲

Agapanthus africanus 'Albidus'

石蒜科　百子莲属　球根花卉

原产南非

喜光，亦耐半阴；喜温暖，生育适温15～28℃，越冬10℃

2244

六出花 [水仙百合]

Alstroemeria hybrida (*A. aurantiaca*)

六出花科　六出花属

球根花卉

亲本产智利

喜光，耐半阴；喜温暖湿润，生育适温15～25℃

2245	**红山姜**（紫山姜、红姜、红花月桃）	姜科	山姜属
	Alpinia purpurata	球根花卉	

原产亚洲热带、太平洋诸岛

喜光，亦耐阴；喜高温多湿，生育适温25～30℃

2246	**艳山姜**（月桃）	姜科	山姜属
	Alpinia zerumbet（*A. speciosa*, *A. nutans*）	球根花卉	

产亚洲热带

喜光，亦耐半阴；喜温暖湿润，生育适温22～28℃，越冬12℃以上

2247 花叶艳山姜（斑叶月桃、斑纹月桃）

姜科 山姜属

Alpinia zerumbet 'Variegata' (*A. speciosa* 'V.')

球根花卉

原产亚洲热带

喜光，亦耐半阴；喜温暖湿润，生育适温22～28℃，越冬12℃以上

2248 矮白筒花（香草兰）

Albuca humilis

百合科 筒花属

球根花卉

原产南非

喜光，亦耐阴；喜温暖，半耐寒；喜湿润，亦耐旱

2249 大花美人蕉（美人蕉、红艳蕉）

Canna generalis (*C. eneralis*)

美人蕉科 美人蕉属

球根花卉

原产南美洲

喜光，耐半阴；喜温暖至高温，生育适温20～30℃，越冬10℃以上

2250 矮生美人蕉

Canna generalis 'Nana'

美人蕉科　美人蕉属

球根花卉

原产南美

喜光，耐半阴；喜温暖至高温，生育适温20～30℃，越冬10℃以上

2251 金脉大花美人蕉

（金脉美人蕉、黄脉美人蕉、线叶美人蕉）

Canna generalis 'Striatus' (*C. g.* 'Cleopatra', *C.* 'Striata')

美人蕉科　美人蕉属

球根花卉

原产美洲、亚洲及非洲

喜光，耐半阴；喜温暖至高温，生育适温20～30℃，越冬10℃以上

2252

杂交美人蕉

Canna hybrida

美人蕉科　美人蕉属

球根花卉

杂交种

喜光，耐半阴；喜高温多湿

2253 美人蕉（莲蕉花、昙华）

美人蕉科 美人蕉属

Canna indica

球根花卉

原产印度、马来西亚和美洲热带

喜光，耐半阴；喜高温多湿，生育适温24～30℃

2254 黄花美人蕉

美人蕉科 美人蕉属

Canna indica var. *flava* (*C. flaccida*)

球根花卉

原种产印度、马来西亚和美洲热带

喜光，耐半阴；喜高温多湿，生育适温24～30℃

2255

紫叶美人蕉

Canna generalis 'America' (*C. warscewiczii*)

美人蕉科　美人蕉属

球根花卉

原产哥斯达黎加、巴西

喜光，耐半阴；喜高温多湿，不耐寒，生育适温24～30℃；不择土壤

2256

斑叶文殊兰

Crinum albo-cinctum

石蒜科　文殊兰属

球根花卉

产亚洲热带

喜光，亦耐阴，喜高温多湿

2257

北美文殊兰

Crinum americanum

石蒜科　文殊兰属

球根花卉

原产北美

喜光，亦耐阴；喜高温湿润，生育适温25～30℃，越冬10℃以上；耐旱，耐湿

2258

金叶文殊兰

Crinum asiaticum 'Golden Leaves' (*C. xanthophyllum*)

石蒜科　文殊兰属

球根花卉

原种产东南亚

喜光；喜高温多湿；生育适温22～28℃，越冬10℃以上；耐旱，耐湿

2259	**白纹文殊兰**（花叶文殊兰）	石蒜科	文殊兰属
	Crinum asiaticum 'Silver-Stripe'（*C.a.* 'Variegatum', *C*'.v'.）	球根花卉	

原产东南亚

喜光；喜高温多湿，生育适温22～28℃

2260	**火星花**（火烧兰、藏花水仙、水仙菖蒲）	鸢尾科	小番红花属
	Crocosmia crocosmiflora（*Tritonia c.*）	匍匐状球根花卉	

亲本原产南非

喜光；喜温暖湿润，生育适温15～25℃，较耐旱

2261 **小丽花**（矮大丽花） 菊科 大丽花属

Dahlia nana (*D. variabilis*) 球根花卉

栽培品种

喜光；喜温暖湿润

大丽花品种群

Dahlia hortensis Group (*D. pinnata* G., *D. variabilis* G.)

原产墨西哥

喜光；喜凉爽，生育适温10～25℃；不耐旱，忌积水

夏花

2274

黑大丽花

Dahlia 'Nigra'

菊科　大丽花属

球根花卉

栽培品种

喜光；喜温暖湿润

2275

宽瓣嘉兰

Gloriosa rothschidiana

百合科　嘉兰属

攀缘性球根花卉

原产亚洲、非洲热带及我国云南、海南

喜光；喜高温，生育适温25～30℃；耐旱

2276

嘉兰（火焰百合、蔓生百合）

Gloriosa superba

百合科 嘉兰属

攀援性球根花卉

原产亚洲、非洲热带及我国云南、海南

喜光；喜高温，生育适温25～30℃；耐旱

2277

红姜花

Hedychium coccineum

姜科 姜花属

球根花卉

产我国云南、西藏、广西等地

喜光，亦耐阴；喜温暖湿润，不耐寒

2278 姜花（蝴蝶花、白草果、圆瓣姜花）

Hedychium coronarium

姜科 | 姜花属 | 球根花卉

产我国南部、西南部，印度、越南、马来西亚至澳大利亚

喜光，亦耐阴；喜高温多湿，生育适温22～28℃，越冬10℃以上

2279 蜘蛛兰（水鬼蕉）

Hymenocallis americana (*H. littoralis, Pancratium littorale*)

石蒜科 | 蜘蛛兰属 | 球根花卉

原产美洲热带

喜光，耐半阴；喜温暖湿润，生育适温22～30℃；较耐旱，耐湿

2280 蓝花蜘蛛兰（蓝花水鬼蕉、秘鲁水仙）

石蒜科　蜘蛛兰属

Hymenocallis calathina (*H. festalis*, *H. narcissiflora*)

球根花卉

原产安第斯山、秘鲁、玻利维亚

喜光，稍耐阴；喜温暖湿润

摄于法国枫丹白露

2281 花叶蜘蛛兰（镶边水鬼蕉、镶边蜘蛛兰）

石蒜科　蜘蛛兰属

Hymenocallis speciosa 'Variegata' (*H. littoralis* 'V.')

球根花卉

原产美洲热带和西印度群岛，世界广泛栽培

喜光，耐半阴；喜温暖湿润，较耐旱，耐湿

2282

美丽蜘蛛兰（美丽水鬼蕉、蜘蛛兰）

Hymenocallis speciosa (*H. festalis*)

石蒜科　蜘蛛兰属

球根花卉

原产美洲热带和西印度群岛，世界广泛栽培

喜光；喜温暖至高温，生育适温22～30℃，越冬10℃以上

2283 虎皮花（虎皮百合、老虎花、虎斑花）

Tigridia pavonia

鸢尾科　虎皮花属

球根花卉

原产墨西哥、危地马拉

喜光；喜温暖湿润

2284 紫娇花（野蒜、非洲小百合）

Tulbaghia vielacea

石蒜科　紫娇花属

球根花卉

原产南非

喜光；喜温暖至高温湿润，生育适温24～30℃

2285	**野姜**	姜科	姜属
	Zingiber striolatum	球根花卉	

产我国西南、华中等各省

喜光，亦耐阴；喜温暖湿润；不耐旱；喜微酸性土壤

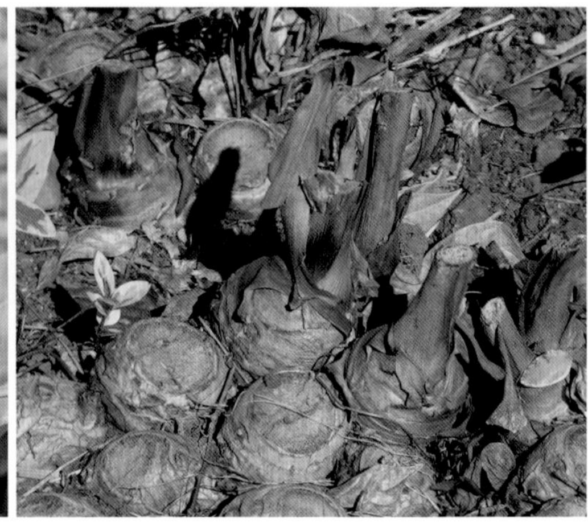

2286	**金正日花**	秋海棠科	秋海棠属
	Begonia tuberhybrida cv.	球根花卉	

杂交品种

喜半日照；喜温暖，不耐高温，不耐寒；喜湿润

2287

球根海棠（茶花海棠）

秋海棠科　秋海棠属

Begonia tuberhybrida (*B. tuberosa*)

球根花卉

亲本原产秘鲁和玻利维亚

喜半日照；喜温暖湿润，生育适温18～22℃，越冬10℃以上；忌干燥

2288 南美水仙

（亚马逊石蒜、亚马逊百合、南美兰、美国水仙）

Eucharis grandiflora (*E. amazonica*)

石蒜科 南美水仙属 球根花卉

原产哥伦比亚、秘鲁

喜光，亦耐阴；喜高温湿润，生育适温20～28℃，越冬10℃以上

2289 白网球花 （虎耳兰、雪球兰）

Haemanthus albiflos (*Scadoxus a.*)

石蒜科 网球花属 球根花卉

原产南非

喜光，亦耐半阴；喜高温湿润，生育适温25～30℃，越冬10℃以上；耐旱

2290 **黄花石蒜**（忽地笑、金爪花、金矢色箭、老雅蒜） 石蒜科 石蒜属

Lycoris aurea (*Amaryllis a.*) 球根花卉

原产中国、日本

喜半阴；喜冷凉至温暖，生育适温15～25℃，不耐旱

2291 **香雪兰**（大花小苍兰、小菖兰、洋晚香玉） 鸢尾科 香雪兰属

Freesia hybrida 球根花卉

原种产南非好望角一带

喜光；喜凉爽湿润，生育适温15～20℃，越冬3～5℃

杂交朱顶红

Hippeastrum hybridum

石蒜科 朱顶红属

球根花卉

亲本产南美洲

喜光，亦耐半阴，喜温暖至高温，生育适温15～30℃，越冬5℃以上

2293 小朱顶红

Hippeastrum gracile (*H. tenuiflorum*)

石蒜科　朱顶红属

球根花卉

原产南美洲

喜光，亦耐半阴；喜温暖至高温，生育适温15～30℃，越冬5℃以上

2294 白肋朱顶红（中肋朱顶红、白条朱顶红）

Hippeastrum reticulatum 'Striatifolium' (*H. r.* var. *s.*)

石蒜科　朱顶红属

球根花卉

原种产巴西

喜光；喜高温湿润

2295

花朱顶红（孤挺花、华胄兰、朱顶红）

Hippeastrum vittatum (*Amaryllis vittata, H. vittata*)

石蒜科　朱顶红属

球根花卉

原产秘鲁

喜光，亦耐半阴；喜温暖至高温，生育适温18～22℃，越冬5℃以上

2296

粉山姜（粉花月桃）

Alpinia purpurata 'Jungle Queen'

姜科　山姜属

球根花卉

原种产亚洲热带

喜光；喜高温湿润

2297 **花叶山姜** 姜科 山姜属

Alpinia vittata (*A. sanderae*) 球根花卉

原产新几内亚
喜光；喜高温湿润

2298 **天上百合**（透百合） 百合科 百合属

Lilium elegans 球根花卉

杂交种
喜光；喜冷凉至温暖；不耐高温

摄于莫扎特故居

2299

麻点百合

Lilium 'Enchantment'

百合科 百合属

球根花卉

杂交种

喜光；喜冷凉至温暖，不耐高温

摄于荷兰

2300

台湾百合

Lilium formossanum (*L. f.* var. *pricei*)

百合科 百合属

球根花卉

产我国台湾

喜光；喜温暖湿润

摄于台湾

2301 紫百合

Lilium 'Purpureum'

百合科 百合属

球根花卉

原种产亚洲

喜光，耐半阴；喜温暖湿润

2302 红球姜

Zingiber zerumber

姜科 姜属

球根花卉

原产亚洲热带，我国广东、广西、云南有分布

喜半阴；喜温暖湿润

2303	亚太花姜	姜科	花姜属
	Tapeinochilus ananassae	球根花卉	

原产印度尼西亚和澳大利亚
喜半日照；喜高温湿润

2304	毛叶姜	姜科	姜属
	Zingiber puberulum	球根花卉	

原产亚洲热带
喜半日照，亦耐阴；喜高温湿润

2305

巨葱（观赏葱、大花葱、高葱、绣球葱）

Allium giganteum

石蒜科 葱属

球根花卉

原产中亚

喜光；喜凉爽，生育适温15～25℃；耐干旱瘠薄，忌积水

插图：东海湿地一角

2306

黑叶观音莲（黑叶观音芋、黑叶芋）

Alocasia amazonica (*A. sanderiana* × *lowii*)

天南星科 海芋属

常绿球根花卉

原产亚洲热带

喜半阴；喜高温多湿，生育适温22～28℃，越冬18℃以上

2307	**老虎芋**（尖尾芋、台湾姑婆芋、番芋）[滴水观音]	天南星科	海芋属
	Alocasia cucullata	常绿球根花卉	

原产中国南部、西南南部

喜半阴；喜高温多湿，生育适温22～30℃，越冬15℃以上

2308	**大海芋**（大根海芋、水芋、海芋、香芋、观音莲）	天南星科	海芋属
	Alocasia macrorrhiza（*A. odora, A. macrorrhizos*）	常绿宿根花卉	

产亚洲热带

喜半阴；喜高温多湿，生育适温28～30℃，越冬15℃以上

2309 亮叶海芋

Alocasia macrorrhiza 'Metallica'

天南星科　海芋属

常绿宿根花卉

原种产亚洲热带

喜半阴；喜高温多湿

2310 金脉海芋

Alocasia macrorrhiza 'Yellow' (*A. macrorrhizos* 'Y.')

天南星科　海芋属

常绿宿根花卉

原种产亚洲热带

喜光；喜高温湿润

2311 花叶一叶兰（花叶蜘蛛抱蛋、白纹蜘蛛抱蛋）

百合科 蜘蛛抱蛋属

Aspidistra elatior 'Variegata' (*A. e.* var. *v.*)

球根花卉

原种产中国

喜半阴且耐阴；喜温暖；生育适温10～20℃，越冬温度0℃以上

2312 五彩芋（花叶芋、彩叶芋）

天南星科 花叶芋属

Caladium hortulanum (*C. bicolor*)

球根花卉

原产西印度群岛至巴西

喜半日照；喜高温多湿，生育适温22～30℃，越冬10℃以上

2313 白雪彩叶芋

Caladium hortulanum 'Candidum'

天南星科　花叶芋属

球根花卉

原种产南美

喜半日照；喜高温多湿，生育适温22～30℃，越冬10℃以上

2314 红脉彩叶芋

Caladium hortulanum 'Jessie Thayer'

天南星科　花叶芋属

球根花卉

原种产南美

喜半日照；喜高温多湿，生育适温22～30℃，越冬10℃以上

2315	银班芋（小叶花叶芋）	球根花卉	原产巴西
	Caladium humboldtii	球根花卉	

原产巴西

喜半阴；喜高温湿润，不耐寒；怕强光和干旱

2316	虎眼万年青（葫芦兰、乌乳花）	百合科	虎眼万年青属
	Ornithogalum caudatum	球根花卉	

原产南非，欧、亚、非广布

喜半阴；喜温暖，不耐寒；耐旱

2317

牙买加仙人柱（大花山影拳）

Cereus jamacaru

仙人掌科 仙人柱属

肉质长柱状

原产南美

喜光；喜温暖至高温；喜干燥，忌积水

2318

仙人柱（天轮柱）

Cereus vianus

仙人掌科 仙人柱属

肉质长柱状

原产美洲热带

喜光；喜温暖，不耐寒；喜干燥，忌积水

2319

仙人杖（仙人鞭、大文字）

Nyctocereus serpentinus

仙人掌科　仙人杖属

肉质细长柱状

原产墨西哥

喜光；喜高温，不耐寒；喜干旱，忌积水

2320

非洲霸王树（棒槌树）

Pachypodium geayi (*P. lamierei*)

夹竹桃科　粗根属

肉质灌木状

产马达加斯加岛

喜光；喜高温，生育适温20～30℃；耐旱

2321

白头翁柱（翁柱）

Cephalocereus senilis

仙人掌科　老翁柱属

肉质短柱状

原产墨西哥湾

喜光；喜温暖至高温；喜干燥

英格堡教堂花镜之一

2322～2323

太阳球及品种

Echinocereus rigidissimus

仙人掌科　鹿角柱属

肉质短柱状

原产美洲热带

喜光，耐半阴；喜温暖至高温；耐旱

太阳球缀化*E.r.*cv.

太阳球（红太阳、太阳）*E.r.*

2324 仙人球

Echinopsis tubiflora

仙人掌科　仙人球属

肉质柱状

原产阿根廷及巴西南部
喜光；喜温暖，生长温度高于10℃，越冬3℃以上；耐旱，忌积水；
喜砂壤土

2325 金晃丸

Eriocactus leninghausii

仙人掌科　金晃丸属

肉质柱状

原产巴西南部
喜光；喜高温；喜干旱，忌积水

2326 黄金钮（金毛花冠柱）

Hidewintera aureispina

仙人掌科 黄金钮属

肉质棍状

原产玻利维亚

喜光；喜高温；喜干旱，忌积水

2327 金手指（黄金球、金毛球缀花、金筒球）

Mammillaria elongata

仙人掌科 银毛球属

肉质短柱状

原产美洲大陆、墨西哥

喜光；喜高温；喜干燥，不耐积水

2328 **猩猩丸** 仙人掌科 银毛球属

Mammillaria spinosissima 肉质短柱状

产墨西哥

喜光，亦耐半阴；喜温暖至高温；喜干旱，忌积水

2329 **白云锦** 仙人掌科 银毛柱属

Oreocereus trollii 肉质柱状

产美洲热带

喜光；喜高温、干燥

2330 **英冠玉**（多头） 仙人掌科 锦绣玉属

Parodia magnifica 肉质柱状

原产巴西南里奥格兰德州

喜光；喜高温、干燥

景波赛猎（竹艺）

2331 **星球**（兜、星仙人球） 仙人掌科 星球属

Astrophytum asterias 肉质球状

原产墨西哥、美国

喜光，耐半阴；喜温暖，不耐寒；喜干燥，怕水湿

2332 皱棱球（花笼）

Aztekium ritteri

仙人掌科 皱棱球属

肉质小球状

原产墨西哥

喜光，稍耐阴；喜温暖至高温；耐旱

2333 金琥（象牙球、无极球、美国金虎）

Echinocactus grusonii

仙人掌科 金琥属

肉质圆球状

原产墨西哥中部干旱沙漠、半沙漠地带

喜阳光充足；喜冬季温和，生长适温20～25℃；喜干燥，忌积水；

喜富含石灰质的砂壤土，寿命长达50～60年

2334 **怒琥**（多头） 仙人掌科 金琥属

Echinocactus grusonii cv. 肉质圆球状

原产墨西哥克雷塔罗及阿特阿加
喜光；喜温暖至高温；喜干燥

2335 **缀化金琥**（裸琥） 仙人掌科 金琥属

Echinocactus grusonii cv. 肉质球状

原产墨西哥克雷塔罗及阿特阿加
喜光；喜温暖至高温；喜干燥

2336	**裸琥冠**（短刺金琥缀化）	仙人掌科	金琥属
	Echinocactus grusonii cv. (*E.innermis* f.*cristata*)	肉质球状	

栽培品种，原产墨西哥克雷塔罗及阿特阿加

喜光；喜温暖至高温；喜干燥

2337	**五刺玉**	仙人掌科	刺球属
	Echinofossulocactus pentacanthus	肉质球状	

原产墨西哥

喜光，耐半阴；喜温暖，不耐寒；喜干燥，怕水湿

2338 小人帽子［子孙万代］

Epithelantha bokei

仙人掌科 月世界属

肉质小球状

原产美国、墨西哥

喜光；喜温暖；耐干旱

2339 月世界

Epithelantha micromeris

仙人掌科 月世界属

肉质小球状

原产墨西哥

喜光，耐半阴；喜温暖至高温；耐旱

2340	**江守玉**（江守）	仙人掌科	强刺球属
	Ferocactus emoryi	肉质球状	

原产美国、墨西哥

喜光，耐半阴；喜温暖，不耐寒；喜干燥，怕水湿

2341	**日之出球**（日之出）	仙人掌科	强刺球属
	Ferocactus latispinus	肉质球状	

原产美国、墨西哥

喜光，耐半阴；喜温暖；不耐寒；喜干燥，怕水湿

2342 **红琥—赤凤**（有毛） 仙人掌科 强刺球属

Ferocactus pilosus 肉质球状

原产墨西哥莱昂

喜光；喜温暖至高温；忌干燥

2343 **红牡丹** 仙人掌科 裸萼球属

Gymnocalycium mihanovichii 'Japan'(*G. m.* 'Fubra', *G. friedrichii* 'Variegata', *G. m.* 'Hibotan', *G. m.* 'Red Head') 肉质球状

原产南美

喜光；喜高温；喜干旱，忌积水

2344 黄牡丹球

Lobivia haageana

仙人掌科　丽花球属

肉质球状

原产南美

喜光；喜高温，越冬3℃以上；喜干旱，忌积水

2345 高砂（雪球仙人掌）

Mammillaria bocasana

仙人掌科　银毛球属

肉质球状

原产墨西哥中部

喜光，亦耐半阴；喜温暖至高温；耐旱

2346 **白龙球**

Mammillaria campressa

仙人掌科 银毛球属

肉质球状

原产墨西哥中部

喜光，亦耐半阴；喜高温；喜干旱，忌积水

2347 **玉翁**

Mammillaria hahniana

仙人掌科 银毛球属

肉质球状

原产墨西哥中部

喜光，亦耐半阴；喜温暖至高温；喜干旱，忌积水

2348 白星

仙人掌科 银毛球属

Mammillaria plumosa

肉质球状

产美洲大陆

喜光，亦耐半阴；喜温暖至高温；喜干旱，忌积水

2349 层云（层云球、蓝云）

仙人掌科 花座球属

Melocactus amoenus
（*M. matanzanus*, *M. actinacanthus*, *M. andinus*）

肉质球状

原产委内瑞拉和哥伦比亚

喜光；喜高温；喜干燥，不耐积水

2350 **雪光**（白雪光、雪晃） 仙人掌科 南国玉属

Notocactus haselbergii 肉质球状

原产巴西

喜光，耐强光；不耐寒；耐旱

景波春米（竹艺）

2351 **英冠玉**（翠绿玉） 仙人掌科 南国玉属

Notocactus magnificus 肉质球状

原产巴西

喜光；喜温暖至高温；耐旱

2352～2353	**锦仙人球变种**	仙人掌科	南国玉属
	Notocactus scopa var.	肉质多刺小球状	

原产巴西、乌拉圭

喜光耐半阴；喜温暖，不耐寒；耐干旱，忌水湿

白小町（白锦仙人球）*N.s.var.arbus*

红小町（红锦仙人球）*N.s.var. ruberrimus*（*N. s.* 'Ruberrimus'）

2354	**子孙球**（宝山、红冠）	仙人掌科	子孙球属
	Rebutia minuscula	肉质小球状	

原产阿根廷北部

喜光，耐半阴；喜温暖至高温；耐旱

上海家庭园艺花展入口

2355 栉刺龙伯球（银装殿）

Uebelmannia pectinifera

仙人掌科 尤伯球属

肉质球状

原产巴西米纳斯吉拉斯

喜光，耐半阴；喜高温；喜干燥

2356 乔状莲花掌（紫莲、黑牡丹）

Aeonium arboreum（*Echeveria rosea*）

景天科 莲花掌属

肉质植物

原产南非

喜光，亦耐半阴；喜温暖，不耐寒；耐旱

2357

阿尔西龙舌兰

Agave alsii (*A. a.* var. *a.*)

龙舌兰科 龙舌兰属

肉质植物

原产美国

喜光；喜温暖至暖热；耐旱

2358

木立芦荟（单杆芦荟、龙角草）

Aloe arborescens

百合科 芦荟属

常绿肉质草本

原产南非、津巴布韦

喜光，亦耐阴；喜温暖至高温；耐旱

2359 不夜城

Aloe mitriformis

百合科 芦荟属

常绿肉质草本

原产南非

喜光，亦耐半阴；喜温暖至高温，不耐寒；耐旱

2360 锦叶不夜城（不夜城锦）

Aloe nobilis f. *variegata*

百合科 芦荟属

常绿肉质草本

原产南非

喜光，亦耐半阴；喜温暖至高温，不耐寒；耐旱

2361

宽叶芦荟

Aloe saponaria var. *latifolea*

百合科 芦荟属

常绿肉质草本

原产南非

喜光，亦耐半阴；喜温暖至高温，不耐寒；耐旱

2362

芦荟（油葱、象鼻莲）

Aloe vera var. *chinensis*

百合科 芦荟属

常绿肉质草本

原产中国，地中海沿岸有分布

喜光，亦耐半阴；喜温暖至高温，生育适温

20～30℃，越冬5℃以上；耐旱

2363 波叶长筒莲

景天科 长筒莲属

Cotyledon oblonga (*C. orbiculata* var. *ob.*)

肉质植物

原产南非

喜光，亦耐半阴；喜温暖至高温；耐旱

2364 玉树（树景天）

景天科 青锁龙属

Crassula arborescens

肉质亚灌木

原产南非

喜半日照，亦耐阴；喜温暖至高温，生育适温15～28℃；耐旱

2365

红边玉树（红边景天树）

Crassula arborescens 'Rubri-cinctus'

景天科 | 青锁龙属 | 肉质植物

原种产南非

喜光；喜温暖；耐旱

2366

银边玉树（银边景天树）

Crassula arborescens 'Variegata'

景天科 | 青锁龙属 | 肉质植物

原种产南非

喜光；喜温暖；耐旱

2367 青锁龙

Crassula lycopodioides

景天科 青锁龙属

肉质匍匐植物

原产南非

耐阴；喜温暖湿润；耐旱

2368 绒毛掌

Echeveria pulvinata

景天科 石莲花属

肉质植物

原产墨西哥

喜光；喜温暖至高温，越冬10℃以上；耐旱

2369 紫莲

Echeveria rosea

景天科 石莲花属

肉质植物

原产墨西哥，在世界广泛栽培

喜光；喜温暖至高温，不耐寒，越冬10℃以上；耐旱不耐积水

2370 地中海石莲花

Echeveria sp.

景天科 景天属

肉质植物

原产地中海地区

喜光；喜温暖至高温；耐旱

摄于马耳他

2371 三角火殃簕

Euphorbia antiquorum

大戟科 大戟属

多浆肉质植物

原产亚洲热带

喜光；喜高温；耐旱

2372 灯架大戟

Euphorbia candelabrum

大戟科 大戟属

多浆肉质植物

原产亚洲热带

喜光；喜高温，耐旱

2373	**常绿大戟**	大戟科	大戟属
	Euphorbia characias ssp. *wulfenii*	多浆肉质植物	

自荷兰引入

喜光，耐半阴；喜温暖；耐旱

2374	**鸡冠大戟**	大戟科	大戟属
	Euphorbia lactea 'Cristata'	常绿肉质灌木状	

原种产印度、斯里兰卡

喜光；喜高温，生育适温24～30℃，越冬12℃以上；耐旱

2375 虎刺梅（铁海棠、铁刺梅、麒麟刺）

大戟科 大戟属

Euphorbia milii(*E. splendens*)

常绿肉质多刺灌木

原产非洲马达加斯加

喜光；喜温暖至高温，生育适温24～30℃，越冬12℃以上；极耐旱

2376 杂交虎刺梅（大叶麒麟）

大戟科 大戟属

Euphorbia milii 'Keysii'

常绿肉质多刺灌木

原种产非洲热带

喜光；喜温暖至高温，生育适温24～30℃，越冬12℃以上；极耐旱

2377	**麒麟掌**（霸王鞭、金刚纂、玉麒麟）	大戟科	大戟属
	Euphorbia milii 'Reysii' (*E.neriifolia* 'Cristata variegata', *E. n.* var. *c.*)	常绿肉质灌木状	

产亚洲热带、亚热带和温带地区

喜光；喜温暖至高温；极耐旱

2378	**彩云阁**（三角霸王鞭、龙骨、三角大戟）	大戟科	大戟属
	Euphorbia trigona（*E. lactea*）	常绿肉质灌木状	

原产非洲加蓬

喜光；喜高温，生育适温24～30℃，越冬12℃以上；耐旱

2379

花叶彩云阁

Euphorbia trigona 'Variegata'

大戟科 大戟属

常绿肉质灌木状

原种产非洲加蓬

喜光；喜温暖至高温；耐旱

2380

宝绿（舌叶花、佛手掌）

Glottiphyllum linguiforme

番杏科 舌叶花属

常绿肉质草本

原产南非

喜光，稍耐阴；喜温暖至高温；喜干旱，忌水湿

2381 青瞳

Haworthia herrei

百合科 十二卷属

肉质植物

原产南非

喜半阴；喜温暖至高温，生育适温15～25℃，越冬12℃以上；喜干燥

2382 寿星花（长寿花、好运花）

Kalanchoe blossfeldiana 'Sensation'(*K. b.*)

景天科 伽蓝菜属

肉质植物

原种产马达加斯加

喜光，耐半阴；喜高温，生育适温20～28℃，越冬12℃；不耐旱

2383 大叶落地生根（墨西哥斗笠）

Kalanchoe daigremontiana

景天科 伽蓝菜属

肉质植物

原产马达加斯加

喜光，耐半阴；喜温暖湿润，不耐寒；耐旱，忌水湿

2384 落地生根（灯笼花）

Kalanchoe pinnata

景天科 伽蓝菜属

肉质植物

原产南非

短日照；喜高温，不耐寒；耐旱，忌积水

2385	**月兔耳**	景天科	伽蓝菜属
	Kalanchoe tomentosa	肉质植物	

原产马达加斯加

短日照；喜高温，越冬12℃；耐旱

2386	**指叶落地生根**（棒叶伽蓝菜、洋吊钟）	景天科	伽蓝菜属
	Kalanchoe tubiflora	肉质植物	

原产南非

短日照；喜高温，越冬12℃；耐旱

多浆肉质类植物

2387 龙须海棠

（松叶菊、美丽日中花、太阳花、松叶冰花、红冰花）

Lampranthus spectabilis (*Mesembryanthemum spectabile*)

番杏科 龙须海棠属 肉质植物

原产南非

喜光；喜温暖湿润，不耐寒；耐旱

2388 胭脂掌

Nopalea auberi

仙人掌科 胭脂仙人掌属 肉质植物

分布墨西哥与中美洲

喜光；喜高温；耐旱

2389

令箭荷花（孔雀仙人掌、红孔雀、荷花令箭）

Nopalxochia ackermannii（*Epiphyllum a.*）

仙人掌科 令箭荷花属

肉质植物

原产墨西哥中南部、哥伦比亚及玻利维亚

喜光；喜温暖，生育适温13～20℃；喜湿润亦耐旱；喜微酸性土壤

2390

小令箭荷花（小花令箭荷花）

Nopalxochia phyllanthoides（*Epiphyllum p.*）

仙人掌科 令箭荷花属

肉质植物

原产墨西哥中南部、哥伦比亚及玻利维亚

喜光；喜温暖，生育适温13～20℃；喜湿润，亦耐旱；喜微酸性土壤

2391 猪耳掌（猪耳仙人掌）

仙人掌科 仙人掌属

Opuntia brasiliensis

肉质扁枝小灌木状

原产墨西哥

喜光；喜高温，耐寒；喜干燥，忌积水

2392 棉花掌（银世界、白毛掌）

仙人掌科 仙人掌属

Opuntia leucotricha

肉质扁枝灌木状

原产墨西哥

喜光；喜温暖至高温；耐旱

2393～2395	**细刺仙人掌品种群** *Opuntia microdasys* Group	仙人掌科 仙人掌属 肉质扁枝灌木状

原产墨西哥

喜光，耐半阴；喜温暖至高温，生育适温15～30℃，越冬10℃以上；喜干燥，忌积水

白毛掌 *Opuntia microdasys* var. *albispina*　　金毛掌 *Opuntia microdasys* var. *aureispina*

红毛掌 *Opuntia microdasys* var. *rubrispina*

2396 仙人掌（仙巴掌、仙桃刺梨、仙桃）

仙人掌科　仙人掌属

Opuntia monacantha(O. ficus-indica)

肉质扁枝灌木状

原产美洲热带，中国海南岛西部有野生

喜光；喜温暖，耐寒；耐旱，忌积水；喜砂壤土

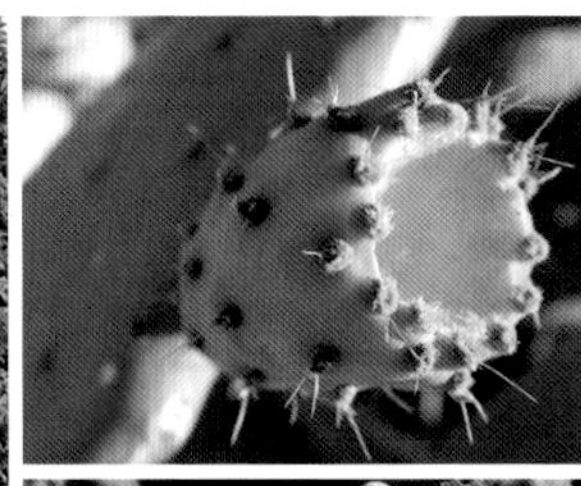

2397 仙人镜（仙人掌）

仙人掌科　仙人掌属

Opuntia species

肉质扁枝灌木状

原产美洲热带

喜光；喜高温；极耐旱

英格堡教堂花镜之二

2398 金武扇仙人掌

Opuntia tuna

仙人掌科　仙人掌属

肉质扁枝灌木状

原产中南美洲

喜光，亦耐半阴；喜高温，生育适温24～30℃；极耐旱

2399 皱叶椒草（皱叶豆瓣绿）

Peperomia caperata

胡椒科　草胡椒属

肉质观叶植物

原产巴西

喜散射光，耐半阴；喜温暖湿润，生育适温20～25℃，越冬不低于10℃；耐旱

2400 红皱叶椒草（红皱叶豆瓣绿）

胡椒科　草胡椒属

Peperomia caperata 'Autumn Leaf'

肉质观叶植物

原产巴西

喜散射光，耐半阴；喜温暖湿润，生育适温20～25℃，越冬10℃以上；耐旱

2401 蒙自草胡椒

胡桃科　草胡椒属

Peperomia heyneana（*P. duclouxii*）

肉质观叶植物

分布我国云南

喜散射光，耐半阴；喜温暖湿润

2402 豆瓣绿

Peperomia magnoliafolia(*P. tithymaloides*)

胡椒科 草胡椒属 肉质观叶植物

原产巴西

喜散射光，耐半阴；喜温暖湿润，生长适温20～25℃，越冬不低于10℃；耐旱

2403 花叶椒草（花叶豆瓣绿）

Peperomia magnoliafolia 'Variegata'(*P. maculosa*)

胡椒科 草胡椒属 肉质观叶植物

原产巴西

喜散射光，耐半阴；喜温暖湿润，生长适温20～25℃，越冬不低于10℃；耐旱

2404

卵叶豆瓣绿（圆叶椒草、豆瓣绿）

胡椒科　草胡椒属

Peperomia obtusifolia(*P. crassifolia*)

肉质观叶植物

原产委内瑞拉

喜散射光，耐半阴；喜温暖湿润，生长适温20～25℃，越冬不低于10℃；耐旱

2405

白斑圆叶椒草（镶边椒草）

胡椒科　草胡椒属

Peperomia obtusifolia 'Variegata'

肉质观叶植物

栽培品种

喜半阴；喜温暖湿润，不耐寒，忌高温；忌强光；不耐旱

2406	**白脉椒草**（白脉豆瓣绿）	胡椒科	草胡椒属
	pepromia puteolata	肉质观叶植物	

原产秘鲁

喜半阴；喜温暖湿润，不耐寒；稍耐干旱，忌阴湿

2407	**西瓜皮椒草**（西瓜皮、无茎豆瓣绿、西瓜皮叶豆瓣绿）	胡椒科	草胡椒属
	Peperomia sandersii(*P. argyrea*)	肉质观叶植物	

原产巴西

喜散射光，耐半阴；喜温暖湿润，生育适温20～25℃，越冬10℃以上；耐旱

2408 彩叶椒草（圆叶椒草、豆瓣绿）

Peperomia 'Variegata'

胡椒科　草胡椒属

肉质观叶植物

栽培品种

喜半阴；喜温暖湿润，不耐寒

2409 木麒麟（美叶仙人掌、原始仙人掌、樱麒麟）

Pereskia grandifolia(*P. nemorosa*, *P. bleo*)

仙人掌科　美叶仙人掌属

肉质灌木状

原产巴西、哥伦比亚

喜光；喜高温，生育适温25～30℃；耐旱

2410	**新西兰麻**（白脉豆瓣绿）	龙舌兰科	新西兰麻属
	Phormium cookianum(*Ph. colensoi*)	常绿肉质植物

原产新西兰

喜光；喜温暖至高温，耐旱

2411	**树马齿苋** （马齿苋树、瑞柱、小银杏木）[金枝玉叶]	马齿苋科	马齿苋树属
	Portulacaria afra	肉质亚灌木

原产南洲

喜光，耐半阴；喜温暖至高温，生育适温

20～30℃；耐旱

2412 斑叶树马齿苋（花叶瑞柱、雅乐之舞）［金枝玉叶］

马齿苋科 马齿苋树属

Portulacaria afra 'Variegata'

肉质亚灌木

原种产南非

喜光，耐半阴；喜温暖至高温，生育适温15～25℃；耐旱

2413 落花之舞（复活节仙人掌）

仙人掌科 拟仙人棒属

Rhipsa lidopsis rosea

肉质小灌木状

原产巴西东南部

喜半日照，喜温暖湿润；耐干旱

2414 红刺丝苇（红刺仙人棒）

Rhipsalis oblonga

仙人掌科 丝苇属

带刺肉质灌木

原产巴西

喜光；喜高温；耐旱

2415 黑刺丝苇（黑刺仙人棒）

Rhipsalis 'Wercklei'

仙人掌科 丝苇属

带刺肉质灌木

原产中美洲、南美洲

喜光；喜高温；耐旱

2416 **圆柱虎尾兰**（棒叶虎尾兰） 龙舌兰科 虎尾兰属

Sansevieria cylindrica 常绿肉质植物

原产非洲热带

喜光，耐阴；喜温暖至高温，生育适温20～28℃；极耐旱

2417 **仙人指**（巴西蟹爪、圣诞仙人掌、霸王花） 仙人掌科 仙人指属

Schlumbergera bridgesii(*S. bucklegi*) 常绿肉质小灌木状

原产巴西

喜半日照；喜温暖，生育适温20～28℃，越冬10℃以上；耐旱

2418	**蟹爪兰**（蟹爪莲、圣诞仙人掌、仙人花、锦上添花）	仙人掌科	蟹爪属
	Zygocactus truncatus(*Schlumbergera truncata*)	常绿肉质小灌木状	

原产巴西东部

喜半日照；喜温暖湿润，生育适温20～28℃，越冬10℃以上；耐旱

2419	**红菩提**（耳坠草）	景天科	景天属
	Sedum rubrotinctum	肉质植物	

原产墨西哥

喜半阴；喜温暖，不耐寒；耐旱

2420

彩菩提

Sedum rubrotinctum cv.

景天科 景天属

肉质植物

栽培品种，原种产墨西哥

喜半阴；喜温暖，不耐寒；耐旱

2421

仙人笔（七宝树）

Senecio articulatus

菊科 千里光属

肉质植物

分布墨西哥

喜光，亦耐半阴；喜温暖至高温，喜干燥忌水湿

2422	**紫景天**	景天科	景天属
	Sedum telephium 'Herbstfreude'	肉质植物	

分布中国南方

喜光；喜温暖湿润，不耐寒；耐干旱瘠薄

2423	**金边丝兰**（金边千寿兰、黄边王兰）	龙舌兰科	丝兰属
	Yucca aloifolia 'Marginata'	肉质灌木状	

原产美洲

喜光，不耐阴；喜温暖至高温，生育适温22～30℃；耐旱

2424 **象腿丝兰**（象腿王兰、巨丝兰、无刺丝兰） 龙舌兰科 丝兰属

Yucca elephantipes 肉质灌木状

原产墨西哥
喜光，耐阴；喜高温多湿，生育适温20～30℃；耐旱

2425 **软叶丝兰** 龙舌兰科 丝兰属

Yucca flaccida 肉质灌木状

原产美国、墨西哥
喜光，耐阴；喜高温湿润

2426 凤尾兰（凤尾丝兰、丝兰、刺叶王兰、剑叶丝兰）

Yucca gloriosa

龙舌兰科　丝兰属

肉质灌木状

产美国、墨西哥

喜光，亦耐阴；喜高温多湿，生育适温18～28℃；耐旱

2427 剑麻（波罗麻）

Agave sisalana

龙舌兰科　龙舌兰属

肉质植物

原产美洲热带

喜光；喜暖热，生育适温22～30℃，越冬8℃以上；耐旱

2428

龙舌兰（美洲龙舌兰、世纪树、番麻）

龙舌兰科　龙舌兰属

Agave americana

肉质植物

原产美洲热带、墨西哥东部
喜光；喜暖热，生育适温22～30℃，越冬8℃以上；耐旱

2429

金边龙舌兰（黄边龙舌兰）

龙舌兰科　龙舌兰属

Agave americana 'Marginata-aurea'
(*A.* 'Marginata', *A. a.* var. *m.*, *A. altissima* 'M.－au'.)

肉质植物

原种产墨西哥
喜光；喜暖热，生育适温22～30℃，越冬8℃以上；耐旱

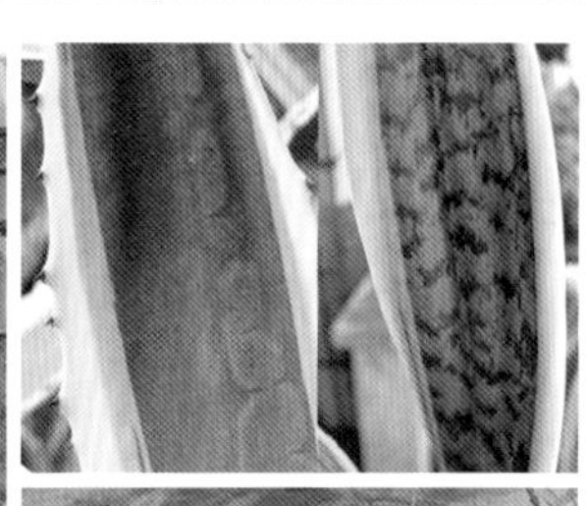

2430

五色万代（五纹龙舌兰）

Agava americana cv.

龙舌兰科 龙舌兰属

肉质植物

原种产美洲热带

喜光；喜暖热；耐旱

2431

银边龙舌兰（白缘龙舌兰）

Agave americana 'Variegata'
(*A. angustifolia* 'Marginata-arba', *A. am.* 'M.')

龙舌兰科 龙舌兰属

肉质植物

原种产墨西哥

喜光；喜暖热，生育适温22～30℃，越冬8℃以上；耐旱

2432 **虎尾龙舌兰**（狐尾龙舌兰） 龙舌兰科 龙舌兰属

Agave attenuata(*A. cernua*, *A. glaucescens*) 肉质植物

原产墨西哥

喜光；喜温暖至高温；耐旱

2433 **棱叶龙舌兰**（雷神） 龙舌兰科 龙舌兰属

Agave potatorum 'Verschaffeltii' (*A. p.* var. *v.*) 肉质植物

原产墨西哥

喜光；喜暖热，生育适温22～30℃，越冬8℃以上；耐旱

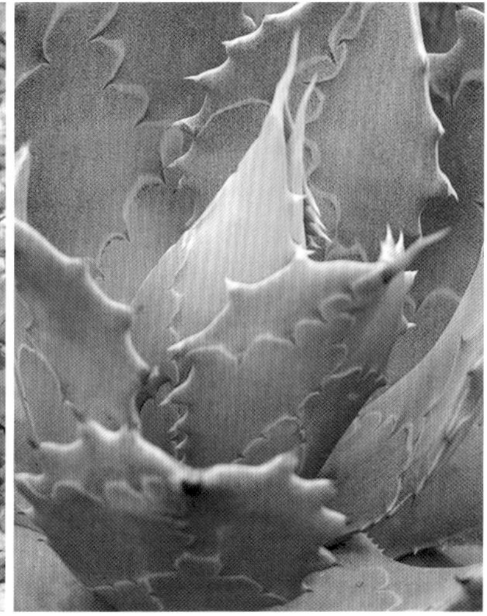

2434

花叶寒月夜

Aeonium subplaum 'Variegata'

景天科　莲花掌属

肉质植物

栽培品种

喜光，亦耐半阴；喜温暖；忌干燥，忌高温、多湿和强光

2435

皇后龙舌兰（鬼脚掌、锦叶龙舌兰）

Agave viotoriaereginae(*A. v.* 'Variegata')

龙舌兰科　龙舌兰属

肉质植物

原种产墨西哥

喜光；喜暖热，生育适温22～30℃，越冬8℃以上；耐旱

2436 红卷绢

Aloegasteria gracilis

景天科 长生草属

肉质植物

产欧洲、美洲

喜光；喜高温干燥；不耐积水

2437 石莲花

Echeveria glauca(E. peacockii)

景天科 石莲花属

肉质植物

原产墨西哥

喜光；喜温暖至高温，越冬10℃以上；耐旱

2438 黄纹万年麻（黄纹缝线麻）

Furcraea foetida 'Striata'(*F. f.*)

龙舌兰科　万年兰属　常绿灌木状

原种产美洲热带

喜光，耐半阴；喜温暖至高温，生育适温22～28℃

2439 金边巨麻（金边万年麻、金边缝线麻）

Furcraea selloa 'Marginata'

龙舌兰科　万年兰属　常绿灌木状

原种产墨西哥、哥伦比亚、厄瓜多尔

喜光，耐半阴；喜温暖至高温，生育适温22～28℃

2440 **美风车草**（红花风车草） 景天科 风车草属

Graptopetalun bellum (*Tacitus bellus*) 肉质植物

原产墨西哥

喜光；喜温暖至高温，越冬5℃以上

2441 **琉璃殿**（绿心雉鸡尾、旋叶鹰爪草） 百合科 十二卷属

Haworthia limifolia 肉质植物

原产南非

喜半阴；喜温暖至高温，越冬12℃以上；喜干燥

2442	子宝	百合科	十二卷属
	Haworthia marginata	肉质植物	

原产南非

喜半阴；喜温暖至高温，越冬12℃以上；喜干燥

2443	乳突锦鸡尾（大珍珠草）	百合科	十二卷属
	Haworthia papillosa	肉质植物	

原产南非

喜半阴；喜温暖至高温，越冬12℃以上；喜干燥

2444 **趣蝶花**（双飞蝴蝶、杯状伽蓝菜） 景天科 伽蓝菜属

Kalanchoe synsepala 肉质植物

原产马达加斯加

喜光，亦耐阴；喜温暖至暖热，低于10℃受害；耐旱；喜沙壤土

2445 **锦红球兰**（镶边锦红球兰、金心球兰） 萝摩科 球兰属

Hoya carnosa 'Krimson Princess' 肉质藤本

原种产亚洲热带

喜光，耐半阴；喜温暖至高温，生育适温18～28℃，越冬10℃以上；喜空气湿度大

2446 翡翠景天（松鼠尾、串珠草、玉米景天、角景天）

景天科 | 景天属

Sedum morganianum

肉质植物

原产美洲、亚洲、非洲热带

喜光，稍耐阴；喜温暖，生育适温20～30℃

2447 飞龙

景天科 | 景天属

Sedum sp.

肉质垂吊植物

原产墨西哥

喜光，耐半阴；喜温暖；耐干旱瘠薄

2448 大弦月城（亥利仙年菊）　菊科　千里光属

Senecio herreianus　肉质蔓性植物

原产非洲南部

喜光，亦耐半阴；喜温暖，不耐寒，忌高温和强光；耐干旱

2449 翡翠珠（绿铃、绿之铃、一串珠）　菊科　千里光属

Senecio rowleyanus (*Kleinia r.*)　肉质蔓性植物

原产非洲西南部

喜光，稍耐阴；喜温暖，生育适温15～22℃，越冬10℃以上；耐旱；喜沙质壤土

2450

露草（花蔓草）

番杏科 | 露草属

Aptenia cordifolia (*Litocarpus c.*, *Tetracoilanthus cordifolius*, *Mesembrganthemum cordifolium*)

肉质植物

原产南非

喜光，耐半阴；喜温暖，生育适温15～25℃，越冬10℃以上；耐旱

2451

花叶露草

番杏科 | 露草属

Aptenia cordifolia 'Variegata'

肉质植物

原种产南非

喜光，耐半阴；喜温暖，生育适温15～25℃，越冬10℃以上；耐干燥

多浆肉质类植物

2452 **南庭芥** 十字花科 庭芥属

Aubrieta × cultorum 肉质铺地植物

分布温带、亚热带地区
喜光，亦耐阴；喜温暖；耐旱

摄于瑞士

2453 **土瓶草** 土瓶草科 土瓶草属

Cephalotus follicularis 常绿铺地植物

原种产澳大利亚
喜半阴；喜高温湿润

2454

逆鳞龙

Euphorbia clandestina

大戟科 | 大戟属

多浆肉质植物

原产摩洛哥
喜光；喜高温干燥，耐旱

2455

垂盆草（爬景天、佛甲草、鼠牙半支莲）

Sedum sarmentosum (*S. s.* var. *s.*)

景天科 | 景天属

肉质匍匐状植物

原产亚洲，我国产华南、华中、华东及西南
喜光，耐半阴；喜温暖湿润，不耐寒；耐干旱瘠薄

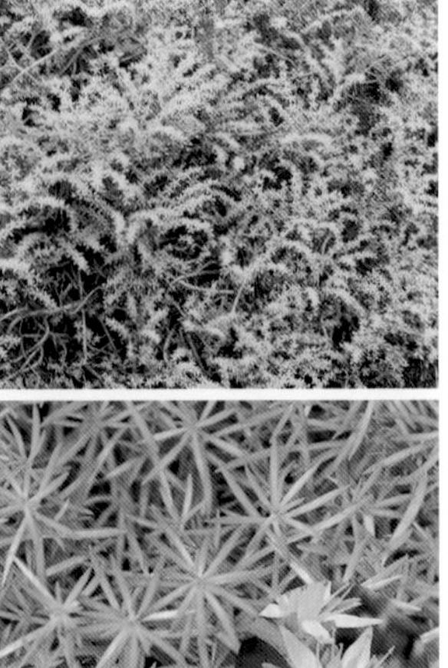

2456 龟甲牡丹

Ariocarpus fissuratus

仙人掌科 岩牡丹属

肉质扁球状植物

原产墨西哥

喜光，稍耐阴；喜温暖至高温；耐旱

2457～2460 鸾凤玉品种群

Astrophytum myriostigma Group

仙人掌科 星球属

肉质球状植物

原产墨西哥

喜温暖至高温；喜干燥

四角鸾凤玉（四角多蕊仙人球）*A. m.* *var quadricostatum*

粉色鸾凤玉（多头）*A. m.* cv.

龟甲鸾凤玉（锦） *A. m.* cv.

鸾凤玉锦*A. m.* cv.

2461	**岩石狮子**	仙人掌科	仙人柱属
	Cereus peruvianus f. *crisiata* (*C. variabilis*)	肉质奇形植物	

原种产秘鲁

喜光，亦耐半阴；喜温暖至高温，生育适温15～30℃，越冬10℃以上

2462	**山影拳**（仙人山、仙影拳）	仙人掌科	仙人柱属
	Cereus peruvianus var. *monstrosus* (*C.*spp. f. *m.*, *C. m.*, *Piptanthocereus p.* var. *m.*)	肉质奇形植物	

原种产秘鲁、阿根廷及西印度群岛

喜光，亦耐半阴；喜温暖，生长适温10℃以上，越冬5℃以上；喜干燥

2463 山影锦

Cereus 'Variegata'

仙人掌科　仙人柱属

肉质奇形植物

原种产秘鲁、阿根廷及西印度群岛

喜光，亦耐半阴；喜温暖；喜干燥

2464 神刀

Crassula falcata

景天科　青锁龙属

肉质植物

原产南非

喜光，亦耐阴；喜温暖至高温，生育适温15～28℃；耐旱

2465 脂麻掌（沙鱼掌）

Gasteria verrucosa

百合科 脂麻掌属

肉质植物

原产南非

喜光，亦耐半阴；喜温暖，越冬6℃以上；耐干燥

2466 绿玉扇（碧绿玉扇草）

Haworthia truncata 'Green'

景天科 蛇尼掌属

肉质植物

栽培品种

喜光，耐半阴；喜温暖，不耐寒；耐干旱

昆明海鸥桥

2467 寿

Herarthia retusa

百合科　海拉蒂属　肉质植物

产南非

喜光，耐半阴；喜高温干燥

2468 黄金钮缀花

Hidewintera aureispina 'Variegata'

仙人掌科　黄金钮属　肉质植物

栽培品种

喜光；喜高温；喜干旱，忌积水

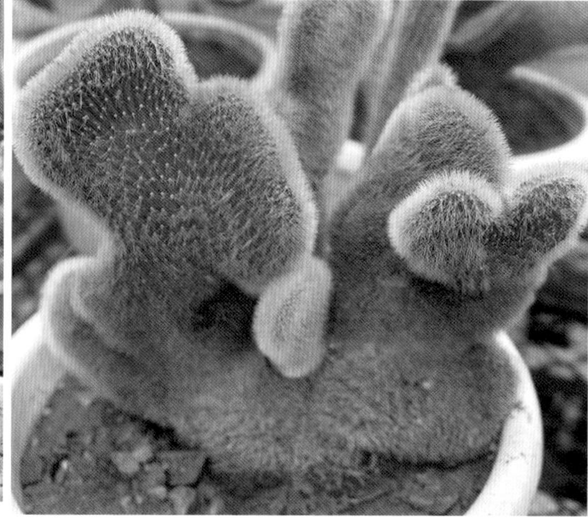

2469

凹叶球兰（心叶球兰）［情心球兰］

Hoya kerrii

萝摩科　球兰属

肉质植物

产东南亚

喜光，亦耐半阴；喜温暖至高温；耐旱

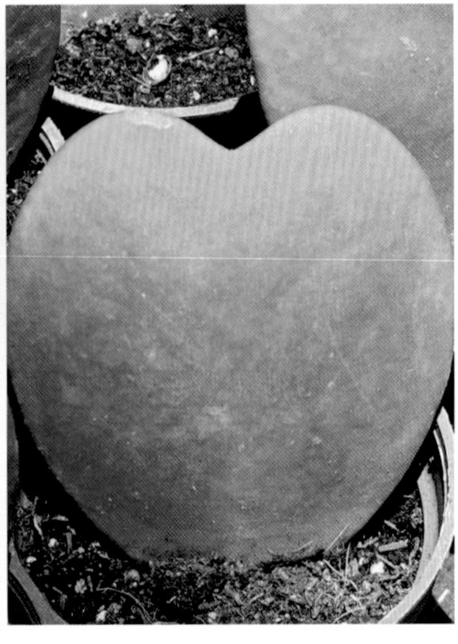

2470～2471

毛球缀化变型及品种

Mammillaria Group

仙人掌科　银毛球属

肉质螺旋状植物

原种产美洲大陆、墨西哥

喜光，亦耐半阴；喜温暖不耐严寒；耐干旱，怕水湿

金手指缀化（金毛球缀花）*M. elongata* f. *cristata*

玉翁缀化*M. hahniana* 'Werdermann'

2472 红雀珊瑚（龙凤木、铁杆丁香）

Pedilanthus tithymaloides (*P. carinatus* var. *variegata*)

大戟科　红雀珊瑚属

肉质灌木状植物

原产西印度群岛

耐阴性强；耐高温；耐旱

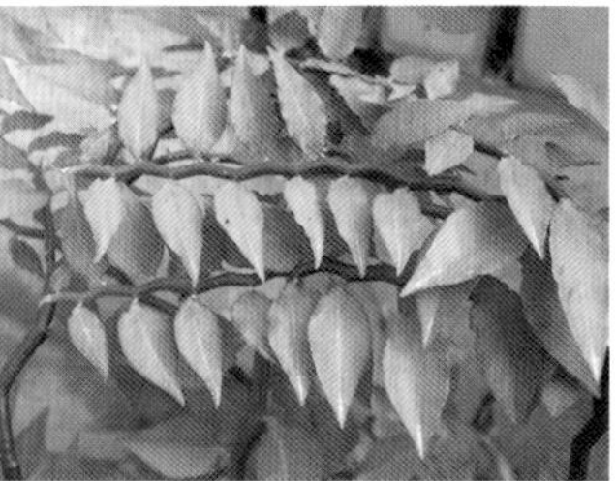

2473 蜈蚣珊瑚（怪龙）

Pedilanthus tithymaloides 'Nanus' (*P. t.* 'Nana')

大戟科　红雀珊瑚属

肉质灌木状植物

原种产西印度群岛

耐阴性强；喜干热耐旱

2474 花叶红雀珊瑚（龙凤木、大银龙）

Pedilanthus tithymaloides 'Variegatus'
(*P. t.* var. *v.*, *P. t.* 'Variegata')

大戟科　红雀珊瑚属
肉质灌木状植物

原种产西印度群岛
耐阴性强；喜干热耐旱

2475 虎尾兰（虎皮兰、千岁兰）

Sansevieria trifasciata

龙舌兰科　虎尾兰属
常绿肉质植物

原产非洲西部
喜光，耐阴；喜温暖至高温，生育适温20～28℃，越冬8℃以上；耐旱，耐湿

2476

金叶虎尾兰（金边短叶虎皮兰）

Sansevieria trifasciata 'Golden Hahnii'(*S. t.* var. *g. h.*)

龙舌兰科 虎尾兰属

常绿肉质植物

原种产非洲西部

喜光耐阴；喜温暖至高温，生育适温20～28℃，越冬8℃以上；耐旱，耐湿

2477

小虎尾兰（短叶虎皮兰、小虎兰）

Sansevieria trifasciata 'Hahnii' (*S. t.* 'Silver H.')

龙舌兰科 虎尾兰属

常绿肉质植物

原种产非洲西部

喜光，耐阴；喜温暖至高温，生育适温20～28℃，越冬8℃以上；耐旱，耐湿

2478

金边虎尾兰

Sansevieria trifasciata 'Laurentii'

龙舌兰科　虎尾兰属

常绿肉质植物

原种产非洲西部

喜光，耐阴；喜温暖至高温，生育适温20～28℃，越冬8℃以上；耐旱，耐湿

2479

犀角冠

Stapelia grandiflora f. *cristata*

萝摩科　犀角属

肉质植物

产南非及亚洲亚热带

喜光；喜高温；耐旱

2480 多花脆兰

Acampe rigida

兰科　脆兰属

附生兰

产我国云南、广东、广西、海南
喜半阴；喜温暖至高温湿润

2481 多花指甲兰

Aerides rosea

兰科　指甲兰属

附生兰

产我国云南南部，以及东南亚
喜半阴；喜温暖至高温，喜湿润，生育适温20～28℃

2482 长梗安格兰（象牙凤兰、象牙武夷兰）

Angraecum sequipedale (*A. eburmeum*)

兰科 武夷兰属

藤状附生兰

原产马达加斯加、印度洋诸岛

喜半阴；喜高温高湿；不耐旱

2483 密花石豆兰

Bulbophyllum odoratissimum

兰科 石豆兰属

附生兰

我国分布华南、西南

喜半阴；喜暖热湿润，不耐寒

2484 银脉虾脊兰（银带虾脊兰）

Calanthe argenteostriata

兰科 虾脊兰属

地生兰

产我国南部、西南部

喜半阴；喜暖热湿润，生育适温18～26℃；不耐旱

2485 三褶虾脊兰

Calanthe triplicata

兰科 虾脊兰属

地生兰

产我国台湾、广东、广西和云南

喜半日照，亦耐阴；喜高温湿润，生育适温18～26℃

2486 卡特兰—爱尔兰珍宝（恩宝卡特兰）

兰科 | 卡特兰属

Cattleya 'Erin Treasure'（× *Brassolaeliocattleya* 'E. T.'）

附生兰

属间杂种

喜半阴；喜温暖湿润，不耐寒，忌干旱

2487 卡特兰—绿精灵

兰科 | 卡特兰属

Cattleya 'Lu Jing Ling'（*Cattleya* 'Lujingling'）

附生兰

原产中南美洲

喜半阴；喜温暖至高温，生育适温18～28℃，休眠越冬5℃以上

2488 卡特兰—天堂的港口（绿花卡特兰） 兰科 卡特兰属

Cattleya 'Ports of Paradise'
（× *Brassolaeliocattleya* 'Po. of Pa.'）

附生兰

属间杂种
喜半阴；喜温暖湿润，不耐寒，忌干旱

2489 贝母兰 兰科 贝母兰属

Coelogyne chloroptera

附生兰

分布菲律宾
喜光，亦耐阴；喜温暖至高温湿润

2490	**莎草兰**（缅桂兰）	兰科	兰属
	Cymbidium elegans (*C. longifolium, Cyperorchis e.*)	附生兰	

产我国云南、四川、西藏

喜半阴；喜温暖湿润，生育适温10～26℃

2491	**垂花蕙兰**［瀑布］	兰科	兰属
	Cymbidium 'Ice Cascade'	地生兰	

栽培品种

喜光，亦耐半阴；喜夏季凉爽，冬季温暖，不耐寒；喜湿润，忌积水，怕干旱

2492～2494

缟草品种群

Cymbidicum Group

兰科　兰属

地生兰

栽培品种

喜半阴；喜温暖湿润，不耐寒；不耐旱

缟草

白凤

达摩

2495

大花蕙兰—黄金小神童

Cymbidium 'Sundust' (*Cymbidium* 'Xiaoshentong')

兰科　兰属

附生兰

亲本产亚洲热带

喜光；喜温暖湿润

2496 兜唇石斛

Dendraobium aphyllum

兰科 | 石斛属 | 附生兰

产我国广西、贵州、云南等地，东南亚亦有

喜较强光；喜暖热湿润，生育适温18～28℃；耐旱

2497 束花石斛（水打棒、金兰、大黄草）

Dendrobium chrysanthum

兰科 | 石斛属 | 附生兰

产我国云南、贵州、西藏、广西

喜半阴；喜温暖湿润，不耐寒，生育适温18～28℃；越冬10℃以上

2498

鼓槌石斛（金弓石斛）

Dendrobium chrysotoxum

兰科 石斛属

附生兰

产我国南方，云南西南部

喜半阴；喜暖热湿润，不耐寒，生育适温18～28℃；不耐旱

2499

密花石斛兰（黄花石斛）

Dendrobium densiflorum

兰科 石斛属

附生兰

产我国云南南部、广东、广西、海南、西藏，以及泰国、缅甸

喜半阴；喜温暖湿润，不耐寒

2500 流苏石斛

Dendrobium fimbriatum (*D. f.* var. *oculatum*)

兰科 | 石斛属 | 附生兰

产我国云南、贵州、广东、广西

喜半阴；喜温暖湿润，不耐寒，生育适温18～28℃，越冬10℃以上

2501 小黄花石斛

Dendrobium jenkinsii

兰科 | 石斛属 | 附生兰

产我国云南，东南亚亦有

喜较强光；喜暖热湿润，生育适温18～28℃；耐旱

2502 喜德利亚兰

Dendrobium sidrlica

兰科 石斛属

附生兰

栽培种

喜半阴；喜温暖至暖热；喜湿润

2503 树兰（攀缘兰）

Epidenbdrum ibaguense

兰科 树兰属

附生兰

原产亚洲热带

喜光，亦耐阴；喜温暖至高温，喜湿润

2504 鹗唇兰

Maxillaria picta

兰科 | 鹗唇兰属

附生兰

原产巴西

喜光，耐半阴；喜高温湿润

2505 堇兰（米尔特兰）

Miltonia candida

兰科 | 堇兰属

附生兰

原产巴西

喜半阴；喜温暖湿润

2506 文心兰（跳舞兰、瘤瓣兰、舞女兰）

Oncidium flexuosum（*O. hybrida, O. hybridum*）

兰科 文心兰属 附生兰

原产南美和亚洲热带

喜半阴；喜温暖至高温湿润，生育适温15～25℃，越冬5℃以上

2507 香水文心兰

Oncidium flexuosum cv.

兰科 文心兰属 附生兰

原种产南美和亚洲热带

喜半阴；喜温暖至高温湿润，生育适温15～25℃，越冬5℃以上

2508

斑叶鹤顶兰（黄花鹤顶兰）

兰科　鹤顶兰属

Phaius flavus

地生兰

产我国长江以南，福建、广东、云南南部

喜半阴；喜暖热湿润，生育适温18～28℃；忌积水

2509

红花鹤顶兰（紫花鹤顶兰）

兰科　鹤顶兰属

Phaius mishimiensis

地生兰

产我国华南、云南南部

喜半阴；喜暖热湿润，生育适温18～28℃，不耐寒；忌积水

2510 独蒜兰（一叶兰）

Pleione bulbocodioides

兰科 | 独蒜兰属 | 地生兰

原产中国、缅甸

喜半阴；喜温暖湿润，越冬6℃以上；忌积水

2511 黄凤梨兰

Robiquetia cerina

兰科 | 寄树兰属 | 附生兰

分布热带地区

喜光；喜高温高湿

插图：台湾花卉装饰之一

2512 黄苞舌兰（黄花野兰）

Spathoglottis plicata 'Dwarf Yellow'

兰科　苞舌兰属

地生兰

原种产马来西亚

喜光，耐半阴；喜高温湿润

2513 苞舌兰

Spathoglottis unguiculata

（*S. breviscapa*, *S. schinziana*, *Limodorum unguiculatum*）

兰科　苞舌兰属

地生兰

原产马来西亚

喜光，耐半阴；喜高温湿润

2514 万带兰（蓝花万带兰、蓝网万带兰）

Vanda caerulea

兰科　万带兰属

附生兰

原产我国云南、贵州

喜光；喜高温湿润，越冬5℃以上；不耐旱

2515 佐井万带兰

Vanda 'Miss Joaquim'

兰科　万带兰属

附生兰

新加坡培育，新加坡国花

喜光，耐半阴；喜高温湿润

2516 纯色万带兰

Vanda subconcolor

兰科 万带兰属

附生兰

产我国云南南部

喜光，亦耐半阴；喜高温高湿

2517 接瓣兰（蟹爪兰）

Zygopetalum mackaii (*Z. mackayi*)

兰科 接瓣兰属

附生兰

原产巴西

喜光；喜温暖至高温，越冬13℃以上

2518 水葫芦

Eichhornia azurea

雨久花科　凤眼莲属

浮水花卉

原产南美洲

喜光；喜温暖地区的静水或缓流水中，最适合水温18～23℃，越冬5℃以上

2519 凤眼莲（水葫芦、布袋莲、凤眼蓝、水浮莲）

Eichhornia crassipes (*E. speciosa, Pontederia c.*)

雨久花科　凤眼莲属

浮水花卉

原产南美洲

喜光；喜温暖地区的静水或缓流水中，最适合水温18～23℃，
越冬5℃以上

2520	**水罂粟**	花蔺科	水罂粟属
	Hydrocleys nymphoides	浮水花卉	

原产中美洲、南美洲
喜光；喜高温，生于沼泽地或浅水中，生育适温20～32℃

2521	**菱角**（野菱、菱芰）	菱科	菱属
	Trapa incisa (*T. bispinosa*, *T. biconis* var. *cochinchinensis*)	浮水植物	

中国广布
喜光；喜温暖的浅水环境

2522 萍篷莲（萍篷草、黄金莲）

睡莲科 萍篷草属

Nuphar pumilum (*N. pumila, N. minimum*)

浮水花卉

原产北半球寒温带地区，中国广布

喜光；喜温暖，生育适温15～32℃；喜流动的水体

2523 白睡莲（欧洲白睡莲）

睡莲科 睡莲属

Nymphaea alba

浮水花卉

产欧亚大陆及北非

喜光；喜温暖至高温，生育适温22～32℃；生于浅水水域中

2524

粉睡莲（娃娃粉）

Nymphaea alba var. *rubra*

睡莲科　睡莲属

浮水花卉

原种产欧洲和美国

喜光；喜温暖，稍耐寒，生育适温22℃以上

2525

蓝睡莲（埃及蓝睡莲）

Nymphaea caerulea

睡莲科　睡莲属

浮水花卉

原产非洲

喜光；喜暖热至高温，生育适温22～32℃

2526 埃及白睡莲

睡莲科 睡莲属

Nymphaea lotus

浮水花卉

原产非洲

喜光；喜暖热至高温，生育适温22～32℃

2527 黄睡莲（墨西哥黄睡莲）

睡莲科 睡莲属

Nymphaea mexicana

浮水花卉

原产墨西哥

喜光；喜温暖至高温，生育适温22℃以上

2528 香睡莲

Nymphaea odorata

睡莲科　睡莲属

浮水花卉

原产美国东部和南部

喜光；喜温暖，稍耐寒，生育适温22℃以上

2529 红睡莲（印度红睡莲）

Nymphaea rubra (*N. lotus* var. *pubescens*)

睡莲科　睡莲属

浮水花卉

原产印度

喜光；喜温暖至高温，生育适温22℃以上

2530 睡莲（矮生睡莲、子午莲、水百合）

睡莲科 | 睡莲属

Nymphaea tetragona

浮水花卉

原产中国、日本、朝鲜、韩国，俄罗斯和美国有分布
喜光；喜冷凉至温暖，耐寒性极强

2531 莕菜（荇菜）

莕菜科 | 莕菜属

Nymphoides peltatum (*N. peltata*)

浮水花卉

分布欧洲、亚洲和北美洲，中国广布
喜光；喜热带、温带淡水环境

2532

大薸（水白菜、芙蓉莲、水浮莲）

Pistia stratiotes

天南星科 大薸属

浮水植物

原产亚洲、非洲、美洲热带

喜光，耐半阴；喜温暖至高温，生育适温20～30℃，越冬5℃以上；喜湿

2533

亚马逊王莲（王莲）

Victoria amazonica (*V. regia*)

睡莲科 王莲属

大型浮水花卉

原产巴西亚马逊河流域

喜光；高温，生育适温28～32℃；尤喜肥

2534

克鲁兹王莲（小叶王莲）

Victoria cruziana

睡莲科 王莲属

大型浮水花卉

原产南美阿根廷、巴西、巴拉圭

喜光；喜高温，生育适温25～30℃

2535

白荷花

Nelumbo nucifera 'Alba'

莲科 莲属

挺水花卉

原产中国

喜光，不耐阴；喜温暖，生育适温23～30℃，－5℃不受冻

2536 风车草（旱伞草、轮伞莎草、伞草）

Cyperus alternifolius ssp. flabelliformis (*C. involucratus*)

莎草科　莎草属　宿根挺水植物

原种产非洲，西印度群岛

喜光，亦耐半阴；喜温暖湿润，生育适温22～28℃，越冬8℃以上

2537 畦畔莎草（细叶莎草）

Cyperus haspan

莎草科　莎草属　宿根挺水植物

全世界分布

喜光，耐半阴；喜温暖至高温；喜水湿

2538 **埃及莎草**（纸莎草） 莎草科 莎草属

Cyperus papyrus (*Papyrus antiquorum*) 宿根挺水植物

原产埃及、西西里岛、非洲热带

喜光，耐半阴；喜温暖至高温，生育适温22～28℃；喜水湿

2539 **荸荠**（马蹄、地栗、乌芋） 莎草科 荸荠属

Eleocharis dulcis 挺水植物

中国广为栽培

喜光；喜湿地或水田

2540	**黄花蔺**	花蔺科	花蔺属
	Limnocharis flava (*L. emarginata*)	挺水花卉	

产东南亚及美洲热带

喜光；喜高温，生于沼泽地或浅水中，生育适温20～28℃

2541	**千屈菜**（水柳、水枝锦、对叶莲、水枝柳）	千屈菜科	千屈菜属
	Lythrum salicaria. (*L. aneeps, Salicaria vulgaris*)	多年生湿地草本	

产亚欧两洲温带湿地，中国广布

喜光；喜温暖，生育适温18～28℃；尤喜水湿

2542

戟叶梭鱼草（戟叶雨久花）

Pontederia hastata (*Monochoria h.*)

雨久花科　梭鱼草属

宿根挺水花卉

产我国南部、西南部及中南半岛

喜光；喜温暖的浅水区，生育适温20～30℃

2543

块茎睡莲

Nymphaea tuberosa

睡莲科　睡莲属

挺水花卉

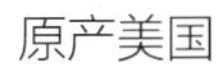

原产美国

喜光；喜温暖，耐寒性较强

2544	**芦苇**（芦、苇子、南方芦苇）	禾本科	芦苇属
	Phragmites communis (*P. australis*)	高大挺水植物	

分布世界温带地区
喜光；喜温暖湿润；浅水、深水及干旱沙丘地均可生长

2545	**心叶梭鱼草** （蓝花梭鱼草、心叶海寿花、小狗鱼草）	雨久花科	梭鱼草属
	Pontederia cordata	宿根挺水花卉	

原产美国佛罗里达州和得克萨斯州南部
喜光，亦耐半阴；喜温暖的浅水区，生育适温18～28℃

2546 **白花梭鱼草**

Pontederia cordata var. *alba* (*P. C.*'Alba')

雨久花科 梭鱼草属

宿根挺水花卉

原种产美国佛罗里达州和得克萨斯州南部

喜光；喜温暖的浅水区，生育适温18～28℃

2547 **梭鱼草**（海寿花）

Pontederia cordata var. *lanceolata* (*P. l.*)

雨久花科 梭鱼草属

宿根挺水花卉

原种产北美

喜光；喜温暖的浅水区，生育适温18～28℃

2548	**美洲大花慈菇**（蒙特登慈菇、爆米花慈菇、大慈菇）	泽泻科	慈菇属
	Sagittaria moutevidensis	球根挺水花卉	

原产南美

喜光；喜暖热湿地或浅水，生长适温18～30℃

2549	**野慈菇**（燕尾草、三裂慈姑）	泽泻科	慈菇属
	Sagittaria trifolia (*S. sagittifolia* var. *sinensis*)	球根挺水花卉	

原产欧亚地区

喜光，亦耐半阴；喜温暖，耐寒；喜浅水中生长；喜含腐殖质的黏质壤土

2550 慈菇

泽泻科 慈菇属

Sagittaria trifolia var. *edulis* (*S. palaefolia, Echinodorus palaefolius, S. sagittifolia*)

球根挺水花卉

原种产欧亚地区

喜光；喜温暖；喜浅水；喜含腐殖质的黏质壤土

2551 三白草（白面菇、壁虎尾巴）

三白草科 三白草属

Saururus chinensis

宿根挺水花卉

产我国长江以南各省

喜半阴；喜温暖湿润；耐水湿，忌干旱

2552 水毛花

莎草科 拟莞属

Schoenop triangulatus

(*S. lectus* 'Mucronatus', *Scirpus triangus*)

宿根挺水植物

世界广布

喜光；喜温暖湿润，生于沼泽地

2553 水葱（欧水葱、管子草、三棱草）

莎草科 藨草属

Scirpus tabernaemontani (*S. validus, Schoenoplectus t.*)

宿根挺水花卉

原产欧亚大陆

喜光，亦耐阴；喜温暖湿润；生长适温15～30℃；喜水湿

2554

花叶水葱

Scirpus tabernaemontani var. *zebrinus*

莎草科　藨草属

宿根挺水花卉

原种产欧亚大陆

喜光，亦耐阴；喜温暖湿润；生长适温15～30℃；喜水湿

2555

水生美人蕉（再力花、水莲蕉、水竹芋）

Thalia dealbata

竹芋科　再力花属

常绿宿根挺水花卉

原产美洲热带、墨西哥

喜光；喜温暖，喜浅水，不耐寒，生育适温20～30℃

2556	**垂花水生美人蕉**（垂花再力花、垂花水竹芋）	竹芋科	再力花属
	Thalia geniculata	宿根挺水花卉	

原产美国南部、墨西哥

喜光；喜温暖，浅水，不耐寒，生育适温20～30℃

2557	**红鞘垂花水生美人蕉**（红鞘水竹芋、红鞘再力花）	竹芋科	再力花属
	Thalia geniculata 'Ted-stemmea'	宿根挺水花卉	

原种产美国南部、墨西哥

喜光；喜温暖至高温，不耐寒；喜浅水

2558 **香蒲**（狭叶香蒲、水烛、长苞水烛）　香蒲科　香蒲属

Typha angustifolia (*T. angustata*)　宿根挺水花卉

原产欧、亚两洲，中国广布
喜光，不耐阴；喜温暖；喜浅水、湖塘或池沼内

2559 **宽叶香蒲**（香蒲、蒲草、宽叶水烛）　香蒲科　香蒲属

Typha latifolia　宿根挺水花卉

原产欧亚和北美
喜光，不耐阴；喜温暖；喜浅水、湖塘或池沼内

2560 银纹水烛（花叶水烛、银线香蒲）

Typha latifolia 'Variegata'

香蒲科 香蒲属

宿根挺水花卉

原种产欧洲和北美

喜光，不耐阴；喜温暖；喜浅水、湖塘或池沼内

2561 茭白（茭瓜、茭笋）

Zizania caduciflora (*Z. latifolia*)

禾本科 菰属

宿根挺水植物

产东亚，我国各地有野生

喜光；喜温暖湿润；喜水性

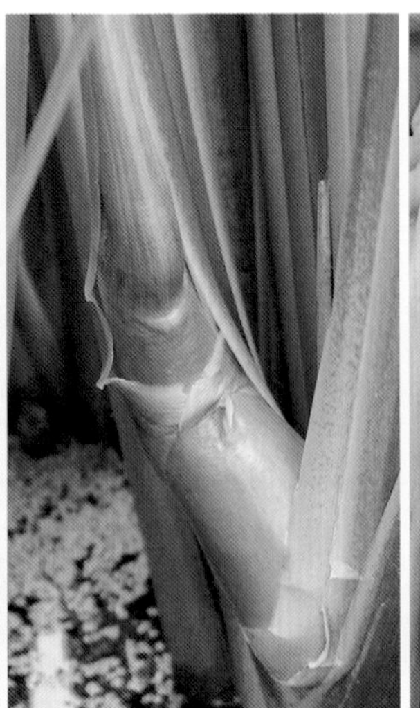

2562

狐尾藻（轮叶虎尾藻）

小二仙草科　蘸　属

Myriophyllum verticillatum (*M. aquaticum*)

沉水植物

世界广布

喜光；喜温暖淡水环境，生育适温20～28℃

2563

海菜花

水鳖科　水车前属

Ottelia acuminata (*O. alismoides*)

大型沉水植物

中国特有、产西南各省及广西西部

生于浅水池或净水的溪中

2564 常绿菖蒲

Acorus calamus

天南星科　菖蒲属

宿根水陆两生植物

产中国各地，俄罗斯至北美也有

喜光；喜温暖湿润，耐寒；耐水湿

2565 彩叶菖蒲

Acorus calamus 'Variegatus'

天南星科　菖蒲属

宿根水陆两生植物

原种产中国

喜光；喜温暖湿润；耐水湿

2566 花叶芦竹

Arundo donax var. *versicolor*

禾本科　芦竹属

水陆两生植物

原种产地中海地区，亚洲广布

喜光；喜温暖湿润，生育适温15～25℃

2567 常绿彩虹鸢尾

Iris louisiana

鸢尾科　鸢尾属

水陆两生植物

产美国路易斯安那州

喜光；喜温暖湿润；耐旱，喜生于浅水中

2568 黄花鸢尾（黄菖蒲）

Iris pseudocorus（*I. Pseudocons*）

鸢尾科 鸢尾属

宿根花卉

原产南欧及亚洲西部

喜光；生育适温20～30℃；喜浅水及微酸性土壤；耐干旱瘠薄

2569 荆三棱

Scirpus yagara

莎草科 藨草属

宿根草本

中国广布

喜光，耐半阴；喜温暖水湿

2570 马蹄莲（慈菇花、水芋、观音芋）

Zantedeschia aethiopica

天南星科 马蹄莲属

球根花卉

原产南非

喜冬季阳光充足；喜冷凉至温暖，生育适温10～25℃，越冬10℃以上；喜湿地，耐水，亦耐旱

2571 水麻柳（水麻、水苎麻）

Debregeasia edulis (*Morocarpus e.*)

荨麻科 水麻属

落叶灌木

分布我国西南、西北、华中

喜光；喜温暖湿润；耐旱，耐水湿

2572	**水麻**（水麻、水苘麻）	荨麻科	水麻属
	Debregeasia orientalis	落叶小乔木	

分布我国西南、西北、华中

喜光；喜温暖湿润；耐旱，耐水湿

2573	**水蓼**（辣蓼）	蓼科	蓼属
	Polygonum hydropiper（*P. flaccidum* var. *hispidum*）	一年生草本	

分布印度、朝鲜、韩国、日本及欧洲、中亚，中国广布

喜半阴；喜温暖湿润；耐水湿

2574	**垂柳**（水柳、柳树）	杨柳科	柳属
	Salix babylonica	落叶乔木	

交界广泛应用

喜光；喜温暖，生育适温15～28℃；特耐水湿

2575	**金枝垂柳**（金丝柳）	杨柳科	柳属
	Salix babylonica 'Aurea' (*S. alba* 'Tristis' , *S. alba* var. *tristis*)	落叶乔木	

栽培品种

喜光；喜温暖，生育适温15～28℃；特耐水湿

2576	**河柳**（腺树、大叶柳）	杨柳科	柳属
	Salix chaenomeloides（*S. glandulosa*）	落叶乔木	

产我国辽宁南部，黄河中下游至长江中下游各地
喜光；喜温暖湿润，耐寒

2577	**旱柳**（柳树、大叶柳）	杨柳科	柳属
	Salix matsudana	落叶乔木	

中国广布
喜光，不耐阴；耐寒；喜水湿，亦耐旱

2578

馒头柳

Salix matsudana 'Umbraculifera' (*S. m.* f. *u.*)

杨柳科　柳属

落叶乔木

我国新疆特有

喜光不耐阴；耐寒；喜水湿，亦耐旱

2579

四籽柳

Salix tetrasperma

杨柳科　柳属

落叶小乔木

产我国云南多地，四川、贵州、西藏、广东、广西有分布

喜光；喜温暖；喜湿

2580 小翠云草

Selaginella kraussiana

卷柏科 卷柏属

匍匐蔓生蕨类

分布我国华南、华中、西南

喜阴湿；喜温暖

2581 翠云草

Selaginella sp.

卷柏科 卷柏属

匍匐蔓生蕨类

原产亚洲热带

喜半日照，耐阴；喜高温湿润

2582 江南卷柏（翠云草）

Selaginella species (*S. maellendorfii*)

卷柏科　卷柏属

匍匐蔓生蕨类

原产亚洲热带

喜半日照，耐阴；喜高温湿润

2583 铁线蕨（铁丝草、铁线草）

Adiantum capillus-veneris

铁线蕨科　铁线蕨属

蔓生蕨类

原产美洲热带及欧洲温暖地区

喜半阴；喜温暖湿润，生育适温15～25℃，越冬5℃以上

2584	**大叶铁线蕨**（梯叶铁线蕨）	铁线蕨科	铁线蕨属
	Adiantum trapeziforme	蔓生蕨类	

原产美洲热带、墨西哥和西印度群岛
喜半阴；喜高温多湿，生育适温22～30℃；喜钙质土

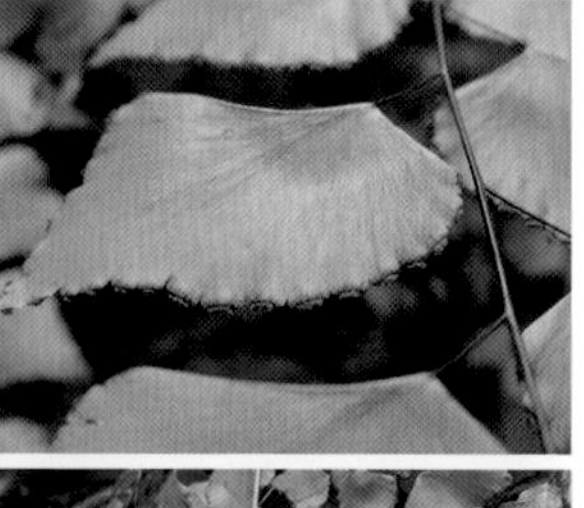

2585	**贯众**（贯渠、黑独脊）	鳞毛蕨科	贯众属
	Cyrtomium fortunei	匍匐状	

原产东亚，我国分布华北、西北及长江以南
喜半阴；喜温暖湿润，耐寒；喜石灰岩土壤

2586 长生铁角蕨

Asplenium prolongatum

铁角蕨科 铁角蕨属

灌木状

原产亚洲亚热带，我国分布西南、华南、中南

喜半阴；温暖湿润，不耐寒；不耐旱

2587 云南观音莲座蕨

Angiopteris yunnanensis

莲座蕨科 莲座蕨属

灌木状

产我国云南东南部

喜阴湿；喜温暖，不耐寒

2588	**木贼**（笔管草）	木贼科	木贼属
	Equisetum debile(*Hippochaeta d.*)	直立状	

分布我国华南、西南和长江中下游
喜半日照亦耐阴；喜湿润

2589	**条纹盾蕨**（花叶盾蕨）	水龙骨科	盾蕨属
	Neolepisorus ovatus f. *variegatus*	直立状	

栽培品种
喜半阴；喜温暖湿润

2590 肾蕨（蜈蚣草、篦子草）

Nephrolepis cordifolia (*N. auriculata*)

骨碎补科 肾蕨属

直立状

原产热带、亚热带地区，我国华南各省区有野生

喜半阴；喜温暖湿润，生育适温15～26℃，越冬5℃以上

2591 波士顿蕨（皱叶肾蕨）

Nephrolepis exaltata 'Bostoniensis' (*N. e.*var. *b.*)

骨碎补科 肾蕨属

直立状

原产热带、亚热带地区

喜阴；喜高温高湿，生育适温20℃以上，越冬5℃以上；不耐旱

2592 鱼尾蕨

水龙骨科 水龙骨属

Pollypodium punctatum 'Grandiceps' (*Microsornm p.* 'G')

半直立状

栽培品种

喜半日照；喜高温多湿，生育适温23～30℃

2593 王冠蕨（崖姜蕨）

槲蕨科 崖姜蕨属

Pseudodrynaria coronans

直立状

原产我国台湾、广东、广西、云南

喜半阴；喜温暖湿润，不耐寒

2594 银心凤尾蕨（白斑大叶凤尾蕨）

Pteris cretica 'Albolineata' (*P. ensiformis* 'Victoriae')

凤尾蕨科 凤尾蕨属 半直立状

栽培品种
喜半阴湿润；较耐寒

2595 井口边蕨（凤尾草、井栏边草）

Pteris multifida

凤尾蕨科 凤尾蕨属 半直立状

原产中国，华北以南均有分布
喜半阴湿润；越冬0℃；尤适钙质土

2596 高山羊齿

Rumobra adiantiformis

鳞毛蕨科 | 高山羊齿属

直立状

分布我国华南、台湾

喜阴；喜温暖湿润，不耐寒；不耐旱

2597 下延三叉蕨

Tectaria decurrens

三叉蕨科 | 三叉蕨属

直立状

分布我国滇南至滇东南

喜半阴，耐阴；喜高温多湿

2598 **卤蕨** 凤尾蕨科 卤蕨属

Acrostichum aureum 灌木状

原产旧世界、新世界热带
喜光，耐半阴；喜高温湿润

摄于新加坡

2599 **拟苏铁蕨** 蚌壳蕨科 蚌壳蕨科

Dicksonia antarctica (*D. librosa*) 灌木状

原产澳大利亚
喜半日照，耐阴；喜高温湿润

2600	**矮树乌毛蕨**（篦子草）	乌毛蕨科	乌毛蕨属
	Blechnum gibbum	灌木状	

产亚洲

喜阴；喜温暖至高温；喜湿润

2601	**荚果蕨**（野鸡膀子）	球子蕨科	荚果蕨属
	Matteuccia struthiopteris	灌木状	

分布我国东北、华北及陕西、西南各地

喜半阴；喜温暖湿润，不耐寒

2602 黑桫椤

Cyathea podophylla

桫椤科 | 桫椤属 | 树状

分布我国华南

喜阴；喜温暖湿润

摄于新加坡

2603 巢蕨（鸟巢蕨、山苏花）

Neottopteris nidus (*Asplenium n.*)

铁角蕨科 | 巢蕨属 | 常绿大型附生蕨类

原产非洲热带、亚洲热带，我国分布南部

喜阴；喜高温高湿，生育适温20～22℃，越冬5℃以上

2604	**皱叶巢蕨**（皱叶铁角蕨、皱叶山苏花）	铁角蕨科	巢蕨属
	Neottopteris nidus 'Plicatum' (*N. n.* cv. *p.*)	常绿附生蕨类	

栽培品种

喜阴；喜温暖至高温；喜湿润

2605	**鹿角蕨**（大鹿角蕨）	鹿角蕨科	鹿角蕨属
	Platycerium bifurcatum 'Majus'	附生蕨类	

产太平洋波利尼西亚

喜半阴；喜高温潮湿

2606 **长叶鹿角蕨**（长角鹿角蕨、重裂鹿角蕨） 鹿角蕨科 鹿角蕨属

Platycerium wallichii 附生蕨类

原产马来西亚、苏门答腊、爪哇

喜半阴，耐阴；喜高温湿润

2607 **抱树莲** 水龙骨科 石韦属

Pyrrosia piloselloides 蔓生蕨类

原产印度、马来西亚、印度尼西亚

喜光，亦耐阴；喜高温高湿，不耐寒；不耐旱

2609	**栎叶槲蕨**	水龙骨科	槲蕨属
	Drynaria quercifolia	蔓生蕨类	

原产印度尼西亚、马来西亚及澳大利亚热带
喜光，亦耐阴；喜高温高湿，不耐寒；不耐旱

2608	**心叶铁线蕨**	铁线蕨科	铁线蕨属
	Adiantum raddianum 'Fritz-Luethii Maidenhair'	垂吊状	

世界广泛栽培
喜半阴；喜高温多湿，生育适温22～30℃

2610 长松萝（长根菜、长柄松萝）

Usnea longissima

松萝科 松萝属

丝状地衣植物

中国广布

喜半阴；喜冷凉至温暖；喜湿润

2611 红尾铁苋（猫尾红）

Acalypha pendula (*A. reptans*)

大戟科 铁苋菜属

半蔓性匍匐植物

原产西印度群岛

喜光，耐半阴；喜温暖至高温，生育适温23～30℃

2612	**茶梅**（小茶梅、白花茶梅）	山茶科	山茶属
	Camellia sasanqua	常绿灌木	

产我国长江流域以南地区

喜光，稍耐阴；喜温暖至高温，生长适温15～25℃；喜酸性土壤

2613	**布拉德利栒子**	蔷薇科	栒子属
	Cotoneaster bradyi	常绿灌木	

产欧洲

喜光，喜温暖湿润

2614

长柄矮生栒子

Cotoneaster dammeri var. *radicans*

蔷薇科　栒子属

落叶灌木

产我国甘肃、西藏、四川

喜光，喜温暖湿润，亦耐旱

2615

莱斯利栒子

Cotoneaster lesliei

蔷薇科　栒子属

常绿灌木

产法国

喜光，喜温暖湿润

2616	**紫萼距花**（紫雪茄花、满天星）	千屈菜科	萼距花属
	Cuphea articulata	常绿小灌木	

原产中美洲

喜光，耐半阴；喜高温，生育适温22～28℃

2617	**细叶白萼距花**（细叶白雪茄花）	千屈菜科	萼距花属
	Cuphea hyssopifolia 'Alba'	常绿小灌木	

原种产墨西哥

喜光，耐半阴；喜高温湿润，生育适温22～28℃

2618

雪茄花（焰红萼距花、萼距花、火红萼距花）

Cuphea ignea (*C. platycentra*)

千屈菜科　萼距花属

常绿亚灌木

原产墨西哥至牙买加

喜光，耐半阴；喜高温湿润，生育适温22～28℃

2619

红背桂（青紫木、红紫木）

Excoecaria cochinchinensis (*E. bicolor* var. *purpurascens*)

大戟科　土沉香属

常绿小灌木

原产亚洲东南部

喜光，亦耐阴；喜高温多湿，生育适温22～30℃，越冬12℃以上

2620	**花叶红背桂**	大戟科	土沉香属
	Excoecaria cochinchinensis 'Variegata'	常绿小灌木	

原种产亚洲东南部

喜光，亦耐阴；喜高温多湿，生育适温22～30℃，越冬12℃以上

2621	**地石榴**	桑科	榕属
	Ficus ti-koua (*F. nigrescens*)	常绿匍匐木质藤本	

产我国西南各省区

喜光，亦耐阴；喜温暖湿润；耐瘠薄

2622	**亀甲冬青**	冬青科	冬青属
	Ilex crenata 'Convexa' (*I. cr.* var. *co.*)	常绿灌木	

原产中国、日本
喜半阴，耐阴；喜温暖湿润；耐旱

2623	**铺地木蓝**（地毯木蓝、野蓝枝、马黄消）	蝶形花科	木蓝属
	Indigofera repens	常绿匍匐亚灌木	

原产东南亚及热带非洲西部
喜光；喜温暖至高温；耐旱

2624	**地被银桦**	山龙眼科	银桦属
	Grevillea baueri 'Dwarf'	匍匐灌木	

原产大洋洲

喜光，喜高温高湿；稍耐旱

2625	**粉红马缨丹**	马鞭草科	马缨丹属
	Lantana camara 'Roseum' (*L. c.* f. *r., L. c.* var. *r., L. c.* 'Mutabilis')	常绿半藤状灌木	

原种产美洲热带

喜光；喜暖热湿润，生育适温20～32℃，越冬5℃以上；耐干旱瘠薄；耐碱性土壤

2626	**马缨丹**（五色梅、红黄花、臭草、七色花、五色绣球）	马鞭草科	马缨丹属
	Lantana camara (*L. hispida, L. horrida*)	常绿半藤状灌木	

原产美洲热带

喜光；喜暖热湿润，生育适温20～32℃，越冬5℃以上；耐干旱瘠薄；耐碱性土壤

2627 黄花马缨丹

马鞭草科　马缨丹属

Lantana camara 'Flava'
(*L. c.* f. *f.*, *L. c.* var. *f.*, *L. c.* 'Sundancer')

常绿半藤状灌木

原种产美洲热带
喜光；喜暖热湿润，生育适温20～32℃，越冬5℃以上；耐干旱瘠薄；耐碱性土壤

2628 白花马樱丹

马鞭草科　马缨丹属

Lantana camara 'Nivea'

常绿半藤状灌木

原种产美洲热带
喜光；喜温暖湿润，生育适温20～30℃，越冬5℃以上，耐干旱瘠薄；耐碱性土壤

2629 小叶马樱丹（蔓马樱丹）

Lantana montevidensis (*L. sellowiana*)

马鞭草科 马缨丹属

常绿半藤状小灌木

产南美乌拉圭

喜光；喜温暖湿润

2630 黄花亚麻

Linum flavum 'Compactum'

亚麻科 亚麻属

常绿半灌木

产欧洲地中海地区

喜光；喜温暖湿润

2631 金叶亮叶忍冬

Lonicera nitida 'Baggesen's Gold'

忍冬科　忍冬属

常绿小灌木

原种产欧洲

喜光亦耐阴；喜温暖湿润

2632 匍枝亮叶忍冬

Lonicera nitida 'Maigrum'

忍冬科　忍冬属

常绿小灌木

原种产欧洲

喜光；极耐阴；喜温暖湿润，耐寒；耐修剪；抗旱性差

2633

尖叶木樨榄

Olea ferruginea (*O. cuspidata*, *O. europaea* ssp. *c.*)

木樨科　油橄榄属

常绿灌木或乔木

产我国云南南部

喜光；喜暖热；耐干旱瘠薄

2634

板凳果（粉蕊黄杨）

Pachysandra axillaris (*P. a.* ssp. *a.*)

黄杨科　板凳果属

常绿亚灌木

产我国秦岭以南至西南和东部

耐阴；喜温暖湿润，耐寒；耐旱

2635 金边矮露兜

Pandanus pygmaeus 'Variegalis'

露兜树科 | 露兜树属

常绿小灌木状

原种产马达加斯加

喜光，耐半阴；喜高温湿润

2636 红叶石楠

Photinia fraseri 'Red Robin' (*Ph. glabra* × *Ph. serratifolia*)

蔷薇科 | 石楠属

常绿灌木或小乔木

产我国秦岭以南至西南和东部

耐阴；喜温暖湿润，耐寒；耐旱

2637	**西鹃** （西洋杜鹃、印度杜鹃、比利时杜鹃、四季杜鹃）	杜鹃花科	杜鹃花属
	Rhododendron indicum (*Rh. hybridum Rh. indica*)	常绿灌木	

原产印度

喜光，亦耐阴；喜冷凉湿润，生育适温15～20℃；不耐旱

2638	**夏鹃**	杜鹃花科	杜鹃花属
	Rhododendron indicum 'Natusatugi'	常绿灌木	

原种　产印度

喜光，亦耐阴；喜冷凉湿润，生育适温15～20℃；不耐旱

2639～2645

微型月季品种群

Rosa hybrida Group

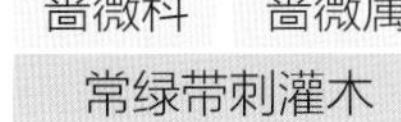

杂交园艺品种

2646 六月雪（鸡骨柴、满天星、白马骨）

Serissa japonica (*S. foetida*)

茜草科 | 六月雪属 | 常绿或半常绿矮小灌木

原产我国长江流域及以南
喜阴湿；喜高温，生育适温22～32℃；忌干燥

2647 红花六月雪

Serissa japonica 'Rubescens' (*S. foetida* 'R.')

茜草科 | 六月雪属 | 常绿或半常绿矮小灌木

原种产我国长江流域及以南
喜阴湿；喜高温，生育适温22～32℃；忌干燥

金边六月雪

2648

Serissa japonica 'Snow Leaves'

(*S. j.* 'Aureomarginata' , *S. foetida* 'S. L')

茜草科 | 六月雪属

常绿或半常绿矮小灌木

原种产我国长江流域及以南

喜阴湿；喜高温，生育适温22～32℃；忌干燥

胡椒木（山椒）

2649

Zanthoxylum piperitum

芸香科 | 花椒属

常绿小灌木

产中国、朝鲜半岛和日本

喜光稍耐阴；喜温暖湿润，不耐严寒；怕旱

2650 大红叶（褐色土牛膝）

Achyranthes aspera var. *rubro-fusca* (*Alternanthera sessilis*)

苋科 | 牛膝属 | 一年生草本

中国广布

喜光，耐半阴；喜温暖湿润

2651 石菖蒲（金钱蒲）

Acorus gramineus

天南星科 | 菖蒲属 | 多年生草本

我国分布淮河以南各地

喜半阴且耐阴；喜温暖湿润，多生于山涧石上

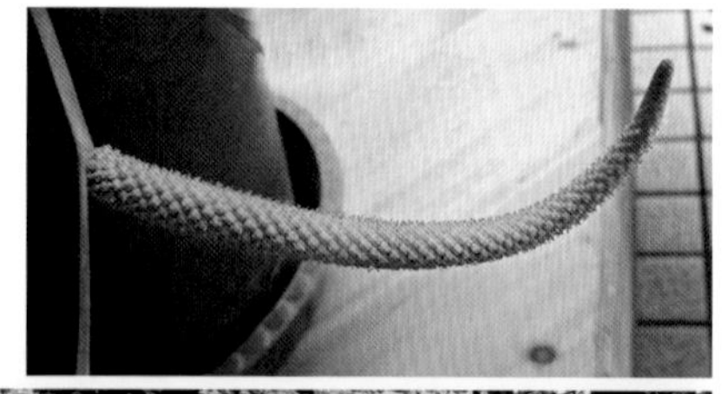

2652 金叶石菖蒲
（斑叶石菖蒲、花叶金钱蒲、山菖蒲、水剑草）

天南星科　菖蒲属

Acorus gramineus 'Variegatus'

多年生草本

原种分布淮河以南各地

喜半阴且耐阴；喜温暖湿润，多生于山涧石上

2653 绿苋草（绿叶草、小绿叶）

苋科　锦绣苋属

Alternanthera paronychioides

一年生草本

原产巴西

喜光；喜高温高湿；生育适温20～30℃；耐旱

2654 红苋草（红叶草、小红叶）

Alternanthera paronychioides 'Picta'

苋科　锦绣苋属

一年生草本

原种产巴西

喜光；喜高温高湿，生育适温20～30℃；耐旱

2655 蔓花生（遍地黄金、巴西花生藤、长喙花生）

Arachis duranensis

蝶形花科　蔓花生属

多年生蔓生草本

原产亚洲热带及南美洲

喜光，亦耐阴；喜温暖至高温，生育适温20～30℃；耐旱；喜砂质土壤

2656 银边草（丽蚌草、花叶燕麦草）

禾本科 | 燕麦草属

Arrthenatherum elatium 'Variegatum' (*A. e.* f. *v.*, *A. e.* var. *v.*)

多年生草本

原种产欧洲

喜光，亦耐半阴；耐寒；耐旱

2657 地毯草

禾本科 | 地毯草属

Axonopus compressus

多年生草本

原产南美洲、墨西哥和巴西

喜光，耐半阴；喜高温湿润；耐践踏

2658	**宽叶吊兰**（吊兰）	百合科	吊兰属
	Chlorophytum capense (*Ch. elatum, Asphodelus capensis*)	常绿宿根花卉	

原产南非

喜半阴；喜温暖，不耐寒

2659	**银边宽吊兰**	百合科	吊兰属
	Chlorophytum capense 'Maryinatum' (*Ch. c.* var. *marginata*)	常绿宿根花卉	

原种产南非

喜半阴；喜温暖，不耐寒

2660	**彩叶宽吊兰**	百合科	吊兰属
	Chlorophytum capense 'Picturatum' (*Ch. c.* var. *p.*)	常绿宿根花卉	

原种产南非
喜半阴；喜温暖，不耐寒

2661	**金边宽吊兰**	百合科	附生兰
	Chlorophytum capense 'Variegated Leaf ' (*Ch. c.* var. *variegatum.*)	常绿宿根花卉	

原种产南非
喜半阴；喜温暖，不耐寒

2662 银心宽吊兰

Chlorophytum capense 'Vittatum' (*Ch. c.* var. *v*)

百合科 吊兰属

常绿宿根花卉

原种产南非

喜半阴；喜温暖，不耐寒

2663 吊兰（桂兰、钓兰）

Chlorophytum comosum

百合科 吊兰属

常绿宿根花卉

原产南非

喜光，亦耐阴；喜温暖，生育适温15～20℃，越冬5℃以上

草本

2664

银边吊兰

百合科 吊兰属

Chlorophytum comosum 'Marginatum' (*Ch. c.*var. *m.*)

常绿宿根花卉

原种产南非

喜光，亦耐阴；喜温暖，生育适温15～20℃，越冬5℃以上

2665

金边吊兰

百合科 吊兰属

Chlorophytum comosum 'Variegatum' (*Ch. c.* var. *marginatum*)

常绿宿根花卉

原种产南非

喜光，亦耐阴；喜温暖，生育适温15～20℃，越冬5℃以上

2666 小彩叶草

Coleus pumilus (*C. blumei*)

唇形科　彩叶草属

宿根花卉

原产斯里兰卡

喜光，亦耐半阴；喜温暖至高温，生育适温15～30℃，越冬10℃以上

2667 常夏石竹

Dianthus plumarius

石竹科　石竹属

常绿宿根花卉

原产欧洲

喜光，喜温暖湿温，极耐寒；耐旱

2668	**彩叶草**（五彩苏）	唇形科	彩叶草属
	Coleus hybridus (*Solenostemon h., C. scutellarioioles*)	宿根花卉	

亲本原产印度尼西亚

喜光，不耐阴；喜温暖至高温，生长适温15～30℃，越冬5℃以上

2669	**芙蓉菊**（海芙蓉、香菊、白艾、中国蕲艾、艾）	菊科	蕲艾属
	Crossostephium chinense (*C. chinensis*)	常绿亚灌木	

原产台湾

喜光，不耐阴；喜暖热湿润，生育适温20～30℃；耐旱

2670	**鳞叶芙蓉菊**	菊科	蕲艾属
	Crossostephium sp.	常绿亚灌木	

原产中亚、东亚、菲律宾及美国加利福尼亚

喜光，不耐阴；喜温暖至高温，生育适温20～30℃；耐旱

2671 马蹄金（荷苞草、铜钱草）　旋花科　马蹄金属

Dichondra repens (*D. micrantha, D. repena*)　多年生匍匐小草本

原产澳大利亚、西印度群岛、日本、中国
喜光，亦耐半阴；喜高温多湿；生育适温20～28℃，越冬－8℃；耐旱

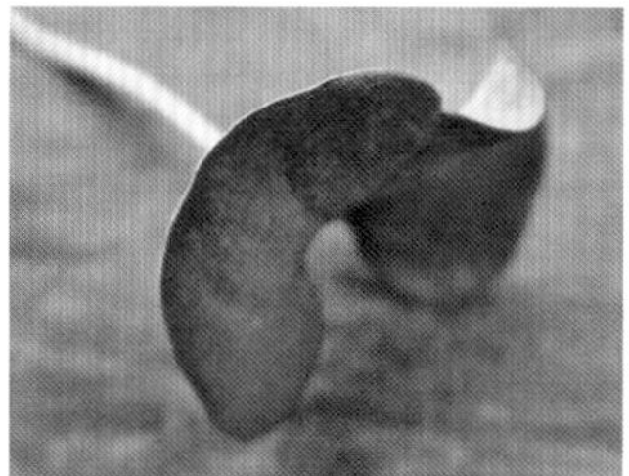

2672 长叶竹根七（长叶假万寿竹）　百合科　竹根七属

Disporopsis longifolia (*Polygonatum l.*)　多年生草本

产我国云南、广西
喜光，亦耐阴；喜温暖湿润，耐寒；耐旱

2673	**蛇莓**（地杨梅）	蔷薇科	蛇莓属
	Duchesnea indica	多年生匍匐状草本	

原产中国

喜阴湿，忌烈日暴晒；耐寒

2674	**斑点大吴风草**	菊科	大吴风草属
	Farfugium japonicum 'Aureo-maculatum'	多年生草本	

栽培品种，原种产中国

喜光，亦耐阴；喜温暖湿润

2675 匍匐紫鹅绒（红凤菊）

Gynura sarmentosa (*G. aurantiaca* 'S.')

菊科　三七草属

多年生常绿草本

杂交种，原种产印度尼西亚

喜光；喜温暖至高温；耐旱

2676 白心叶玉簪

Hosta 'Alba'

百合科　玉簪属

宿根花卉

栽培品种

喜光，亦耐阴；喜温暖湿润

插图：昆明“海鸥树”

2677 硬叶玉簪

Hosta 'August Moon'

百合科 玉簪属

宿根花卉

栽培品种

喜光，亦喜阴；喜温暖湿润，越冬2℃以上；耐干旱瘠薄

2678 银边紫玉簪

Hosta coerulea 'Variegata'

百合科 玉簪属

宿根花卉

栽培品种

喜阴；耐寒，越冬2℃以上；喜湿润；耐瘠薄和盐碱

2679 圆叶玉簪

百合科　玉簪属

Hosta sieboldiana var. *elegans* (*H.* 'Elegans', *H.* 'Robusta')

宿根花卉

栽培品种

喜光，亦耐阴；喜温暖湿润

2680 花叶玉簪

百合科　玉簪属

Hosta 'Undulata Univittata'

宿根花卉

栽培品种

喜光，亦耐阴；喜温暖湿润

2681 银边玉簪

Hosta 'Carol'

百合科 | 玉簪属 | 宿根花卉

栽培品种

喜光，亦耐半阴；喜温暖湿润

2682 凌风草

Briza media

禾本科 | 凌风草属 | 多年生草本

产我国西藏

喜光；喜冷凉湿润

摄于瑞士

2683

绒叶蜡菊（银叶麦秆菊、白银麦秆菊）

Helichrysum petiolare (*H. petiolatum*)

菊科 | 蜡菊属 | 常绿亚灌木状

原产南非

喜光，耐半阴；喜温暖至高温；喜湿亦耐旱

2684

香菇草（圆币草、南美天胡荽）[金钱草]

Hydrocotyle leucocephala (*H. vulgaris*)

伞形科 | 天胡荽属 | 宿根草本

原产南美、欧洲

喜半日照，耐半阴；喜温暖湿润，不耐寒；不耐旱

2685	**天胡荽**	伞形科	天胡荽属
	Hydrocotyle sibthorpioides	宿根草本	

原产亚洲、非洲热带
喜光；喜温暖至高温；喜湿

2686	**舞点枪刀药**（星点鲫鱼胆、枪刀药）[小雨点]	爵床科	枪刀药属
	Hypoestes phyllostachya	常绿亚灌木状	

原产马达加斯加
喜光，亦耐阴；喜高温高湿，生育适温15～20℃

2687	**红点枪刀药**（红点草、红点鲫鱼胆）	爵床科	枪刀药属
	Hypoestes phyllostachya 'Carmina' (*H. sanguinolenta*)	常绿亚灌木状	

原种产马达加斯加

喜光，耐半阴，忌强光；喜高温高湿，不耐寒，生育适温15～20℃

2688	**金叶番薯**	旋花科	番薯属
	Ipomea batatas 'Aurea' (*I. b.* 'Taimon No. 62')	多年生蔓性草本	

原种产美洲热带

喜光；不耐阴；喜高温湿润；耐酷暑

2689	**戟叶番薯**（欧洲紫叶番薯）	旋花科	番薯属
	Ipomoea batatas 'Blackie'	多年生蔓性草本	

原种产美洲热带

喜光，不耐阴；喜高温，生育适温20～28℃

2690	**紫叶番薯**	旋花科	番薯属
	Ipomoea batatas 'Purpurea'	多年生蔓性草本	

原种产美洲热带

喜光，不耐阴；喜高温，生育适温20～28℃

2691 **彩色番薯**（花叶甘薯） 旋花科 番薯属

Ipomoea batatas 'Tricolor' (*I. b.* 'Rainbow') 多年生蔓性草本

原种产美洲热带

喜光，不耐阴；喜高温，生育适温20～28℃

2692 **马鞍藤**（马蹄草、厚藤、海牵牛） 旋花科 番薯属

Ipomoea pes-caprae (*I. biloba, I. p.-c.* ssp. *brasiliensis*) 多年生蔓性草本

分布热带沿海地区

喜光；喜高温，生育适温22～32℃，耐热；耐旱；抗碱抗瘠

2693	**血苋**（圆叶洋苋、汉宫秋、红叶苋、红洋苋）	苋科	血苋属
	Iresine herbstii	多年生草本	

原产巴西，世界各地广泛栽培

喜半日照，亦耐阴；喜温暖至高温，生育适温15～26℃；耐干旱瘠薄，耐水湿

2694	**花叶野芝麻**	唇形科	野芝麻属
	Lamium galeobdolon 'Florentinum' (*L. maculatum* 'Silver', *L. g.*, *L. g.* 'Varigatum')	多年生蔓性花卉	

原产欧洲

喜半阴且耐阴；喜冷凉湿润，耐寒

2695

沿阶草（书带草）

Ophiopogon japonicus (*O. bodinieri*)

百合科　沿阶草属

多年生草本

原产日本

喜半日照，亦耐阴；耐寒；喜湿润

2696	**阔叶山麦冬**（阔叶麦冬、阔叶土麦冬）	百合科	山麦冬属
	Liriope platyphylla (*Ophiopogon p., L. muscari O. m.,*)	多年生草本	

产中国及日本

喜阴湿，忌强光直射；耐寒

2697	**银纹沿阶草**（假银丝马尾）	百合科	沿阶草属
	Ophiopogon japonicus 'Argenteo-vittatus' (*O. jaburon* 'V.' , *O. intermedius* 'A.-marginatus')	多年生草本	

原种产日本

喜光，耐半阴；喜温暖，生育适温15～28℃；

越冬5℃；耐旱

2698 金边沿阶草

百合科 | 沿阶草属

Ophiopogon japonicus 'Aureo-marginatus' (*O. intermedius* 'A.-m.')

多年生草本

原种产日本

喜光，耐半阴；喜温暖，生育适温15～28℃；越冬5℃；耐旱

2699 银边草

百合科 | 沿阶草属

Ophiopogon japonicus 'Variegatus' (*O. intermedius* 'V.')

多年生草本

原种产日本

喜光，耐半阴；喜温暖，生育适温15～28℃；越冬5℃；耐旱

2700	**矮麦冬**（玉龙）	百合科	沿阶草属
	Ophiopogon japonica 'Nanus' (*O. japonicus* 'Tamaryu')	多年生草本	

原种产日本

喜光，耐半阴；喜温暖湿润；耐旱

2701	**酢浆草**	酢浆草科	酢浆草属
	Oxalis corniculata	球根花卉	

产中国

喜光，耐半阴；喜温暖湿润；越冬5℃以上

2702

红花酢浆草
（多花酢浆草、紫红酢浆草、大酸味草）

Oxalis corymbosa (*O. martiana, O. rubra*)

酢浆草科 酢浆草属

球根花卉

原产巴西

喜光，耐半阴；喜温暖湿润，生育适温20～28℃

2703

紫叶酢浆草（大花酢浆草、三角叶酢浆草）

Oxalis purpurea

(*O. violacea* 'Purple-Leaves', *O. triangularis*, *O. t.* 'Purpurea')

酢浆草科 酢浆草属

球根花卉

原产巴西

喜光，耐半阴；喜高温多湿，生育适温24～30℃；耐旱

2704 紫纹酢浆草（三叶草）

Oxalis regnellii 'Atropurpurea' (*Acetosella r.*)

酢浆草科 酢浆草属

球根花卉

原种产玻利维亚

喜光，耐半阴；喜高温多湿

2705 大花酢浆草（红花酢浆草、三叶酸草）

Oxalis rubra

酢浆草科 酢浆草属

球根花卉

原产巴西

喜光；喜温暖湿润，生育适温20～28℃

2706 **两耳草** 禾本科 雀稗属

Paspalum conjugatum 常绿多年生草本

产我国南部、东南及西南部
喜光；喜暖热湿润，不耐寒

2707 **波斯红草** 爵床科 耳叶爵床属

Perilepta dyeriana
(*Strobilanthes dyerianus*, *S. auriculata var. dyeriana*) 半常绿灌木

原产缅甸、马来西亚
喜半日照，耐阴；喜高温多湿；生育适温22～28℃，越冬10℃以上

2708

地被福禄考（丛生福禄考、芝樱、针叶福禄考、苔藓福禄考、针叶天蓝绣球）

Phlox subulata

花荵科 福禄考属

常绿草甸状宿根花卉

原产北美

喜光，稍耐阴；喜温暖湿润，生育适温15～22℃；耐干燥；喜稍石灰质土壤

2709

花叶冷水花（白雪草、青冷草、花叶荨麻）

Pilea cadierei

荨麻科 冷水花属

常绿多年生草本

原产东南亚

喜半阴；喜高温高湿，生育适温20～28 ℃，越冬5℃以上；较耐水湿

2710 小叶冷水花 荨麻科 冷水花属

Pilea microphylla 常绿匍匐草本

原产美洲热带

喜光，亦耐阴；喜高温湿润

2711 镜面草（翠屏草、椒样冷水花） 荨麻科 冷水花属

Pilea peperomioides 常绿多年生草本

原产云南西北部

喜阴；喜冷凉，生育适温15℃左右；较耐水湿

2712 假蒟

Piper sarmentosa

胡椒科　胡椒属

常绿多年生草本

原产亚洲热带

喜半阴，亦耐阴；喜高温湿润

2713 紫背万年青（蚌花）

Rhoeo discolor（*R. spathacea*, *Tradescantia s.*）

鸭跖草科　紫背万年青属

常绿多年生草本

原产墨西哥及西印度群岛

喜光，亦耐阴；喜高温多湿，生育适温20～30℃，越冬5℃以上；耐水湿

2714 小蚌花

鸭跖草科 紫背万年青属

Rhoeo discolor 'Compacta' (*R. spathacea* 'C.')

常绿多年生草本

原种产墨西哥及西印度群岛
喜光，亦耐阴；喜高温多湿，生育适温
20～30℃，越冬5℃以上；耐水湿

2715 花叶小蚌花

鸭跖草科 紫背万年青属

Rhoeo discolor 'Variegata'

常绿多年生草本

原种产墨西哥及西印度群岛
喜光，亦耐阴；喜高温多湿，生育适温20～30℃，越冬5℃以上；耐水湿

2716 虎耳草（金钱吊芙蓉）

Saxifraga stolonifera (*S. sarmentosa*)

虎耳草科 虎耳草属

常绿多年生草本

原产东亚

喜阴；喜温暖湿润，生育适温15～27℃

2717 花叶虎耳草（三色虎耳草、斑叶金钱吊芙蓉）

Saxifraga stolonifera 'Tricolor'

虎耳草科 虎耳草属

常绿多年生草本

原种产东亚

喜阴；喜冷凉湿润，生育适温10～18℃

2718 细裂银叶菊

Senecio cineraria 'Silver Dust'

菊科　千里光属

宿根花卉

原种产地中海沿岸

喜阳；喜温暖，生育适温15～25℃

2719 紫锦草（紫露草、紫鸭跖草、紫叶草、紫竹梅）

Setcreasea purpurea

（*S. pallida*，*S. pa.* 'Pu'，*Tradescantia pa.*，*T. pu.*）

鸭跖草科　紫鹃草属

常绿多年生草本

原产墨西哥

喜光，亦耐阴；喜高温多湿，生育适温20～30℃；耐旱又耐湿

2720	**合果芋**（长柄合果芋、白蝴蝶、箭叶芋）	天南星科	合果芋属
	Syngonium podophyllum	常绿蔓性多年生草本	

原产中、南美洲，墨西哥至巴西
喜光，耐半阴；喜温暖至高温，生育适温20～28℃，越冬10℃以上；喜微酸性土壤

2721	**斑叶络石**	夹竹桃科	络石属
	Trachelospermum jasminoides 'Variegatum'	常绿攀缘藤本	

栽培品种
喜光；亦耐半阴；喜温暖湿润

2722 银线水竹草（白叶水竹草、白纹吊竹梅、银线紫露草）

鸭跖草科 紫露草属

Tradescantia albiflora 'Albovittata' (*T.* 'Variegata')

常绿多年生草本

原种产美洲热带

喜光，耐半阴；喜高温多湿，生育适温12～25℃；耐湿亦耐旱

2723 紫霞草（子午兰）

鸭跖草科 紫露草属

Tradescantia andesoniana

常绿多年生草本

原产美洲热带

喜光；喜温暖湿润至高温；耐旱

2724 红花三叶草（红车轴草、红三叶、红花苜蓿、红荷兰翘摇） 蝶形花科 车轴草属

Trifolium pratense 多年生草本

原产欧洲及北非，世界广泛栽培

喜光，耐半阴；喜温暖湿润，生育适温20～26℃；耐干旱瘠薄

2725 白花三叶草（白车轴草、白三叶、白花苜蓿、荷兰翘摇） 蝶形花科 车轴草属

Trifolium repens 多年生草本

原产欧洲及北非，世界广泛栽培

喜光，耐半阴；喜温暖湿润，耐寒；耐干旱瘠薄

2726

旱金莲
（金莲花、旱荷、荷叶莲、旱荷花、大红雀）

Tropaeolum majus

金莲花科　旱金莲属

多年生蔓性草本

原产秘鲁、智利、巴西、墨西哥

喜光；喜温暖湿润，生育适温12～28℃，能耐0℃低温

2727

长春蔓（蔓长春花）[蝴蝶藤]

Vinca major

夹竹桃科　蔓长春花属

常绿蔓性亚灌木

原产欧洲

喜光，耐半阴；喜温暖，生育适温18～25℃

2728 斑叶长春蔓（花叶蔓长春花）[金钱豹]

Vinca major 'Variegata' (*V. m*. var. *v*.)

夹竹桃科 蔓长春花属

常绿蔓性亚灌木

原种产欧洲

喜光，耐半阴；喜温暖，生育适温18～25℃

2729 蟛蜞菊

Wedelia chinensis

菊科 蟛蜞菊属

宿根花卉

产我国，广布于广东、福建、台湾

喜光；喜温暖湿润

2730 **南美麒麟菊**（地锦花、三裂蟛蜞菊、美洲蟛蜞菊） 菊科 蟛蜞菊属

Wedilia trilobata (*Complaya t.*) 宿根花卉

原产南美洲，西印度群岛

喜光；喜高温，生育适温18～26℃，可抵抗43℃高温，4℃低温；耐旱，耐湿

2731 **葱兰**（葱莲、白玉莲、白花菖蒲莲） 石蒜科 葱兰属

Zephyranthes candida (*Z. atamaseca, Amaryllis c.*) 球根花卉

原产南美

喜光，亦耐半阴；喜高温湿润，生育适温22～30℃；耐旱，亦耐湿

2732

韭兰

（韭莲、红菖蒲、风雨花、风雨兰、红花葱兰、红花菖蒲莲）

Zephyranthes grandiflora (*Z. carinata*)

石蒜科　葱兰属　球根花卉

原产中、南美洲

喜光，亦耐半阴；喜高温，生育适温22～30℃；耐旱，亦耐湿

2733

小韭莲（玫瑰葱莲、红花韭莲）

Zephyranthes rosea

石蒜科　葱兰属　球根花卉

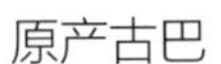

原产古巴

喜光，亦耐半阴；喜高温，生育适温22～30℃；耐旱，亦耐湿

拉丁名索引

T

U

V

W

Y

Z

中文名索引

K

L

M

N

P

Q

R

S

T

W

X

Y

Z

科属索引

S

T

W

X

后记

本书收集了生长在国内外的观赏植物3237种（含341个品种、变种及变型），隶属240科、1161属，其中90%以上的植物已在人工建造的景观中应用，其余多为有开发应用前景的野生花卉及新引进待推广应用的“新面孔”。86类中国名花，已收入83类（占96%）。本书的编辑出版是对恩师谆谆教诲的回报，是对学生期盼的承诺，亦是对始终如一给予帮助和支持的家人及朋友的厚礼。

本书的编辑长达十多年，参与人员30多位，虽然照片的拍摄、鉴定、分类及文稿的编辑撰写等主要由我承担，但很多珍贵的信息、资料都是编写人员无偿提供的，对他们的无私帮助甚为感激。

在本书出版之际，我特别由衷地感谢昆明植物园“植物迁地保护植物编目及信息标准化（2009ＦＹ1202001项目）”课题组及西南林业大学林学院对本书出版的赞助；感谢始终帮助和支持本书出版的伍聚奎、陈秀虹教授，感谢坚持参与本书编辑的云南师范大学文理学院“观赏植物学”项目组的师生，如果没有你们的坚持奉献，全书就不可能圆满地完成。

最后还要感谢中国建筑工业出版社吴宇江编审的持续鼓励、帮助和支持，感谢为本书排版、编校所付出艰辛的各位同志，谢谢你们！

由于排版之故，书中留下了一些“空窗”，另加插图，十分抱歉，请谅解。

愿与更多的植物爱好者、植物科普教育工作者交朋友，互通信息，携手共进，再创未来。

编者

2015年元月20日